园艺植物与菌类原色图鉴

园林花卉
原色图鉴

U0219180

吴艳华　主　编

中国农业大学出版社
·北京·

内容提要

本书介绍了当前国内外常用花卉 161 种，包括一二年生草本花卉、多年生草本花卉、温室花卉，其中有部分品种为国内同类书籍首次介绍，许多品种具有广阔的应用前景和市场价值。每种花卉的介绍均以精美的实景照片为主，并配合文字介绍其起源分类、生长习性、应用价值。

本书适合花卉爱好者、景观设计师、园林专业在校学生及相关专业从业人员阅读与参考。

图书在版编目（CIP）数据

园林花卉原色图鉴 / 吴艳华主编 . —— 北京：中国农业大学出版社，2022.8
ISBN 978-7-5655-2792-0

Ⅰ . ①园… Ⅱ . ①吴… Ⅲ . ①花卉-观赏园艺-图解 Ⅳ . ① S68-64

中国版本图书馆 CIP 数据核字（2022）第 099343 号

书　　名	园林花卉原色图鉴		
作　　者	吴艳华　主编		
策划编辑	林孝栋　康昊婷	责任编辑	康昊婷
封面设计	郑　川		
出版发行	中国农业大学出版社		
社　　址	北京市海淀区圆明园西路 2 号	邮政编码	100193
电　　话	发行部 010-62731190,3489	读者服务部	010-62732336
	编辑部 010-62732617,2618	出 版 部	010-62733440
网　　址	http://www.caupress.cn	E-mail	cbsszs@cau.edu.cn
经　　销	新华书店		
印　　刷	涿州星河印刷有限公司		
版　　次	2022 年 8 月第 1 版　　2022 年 8 月第 1 次印刷		
规　　格	148 mm×210 mm　　32 开本　　6.25 印张　　210 千字		
定　　价	49.00 元		

图书如有质量问题本社发行部负责调换

编写人员

主　编　吴艳华

副主编　夏忠强　张秀丽　陈杏禹

参　编　张淑梅　郭　玲　柳玉晶　刘清丽　那伟民

前 言 PREFACE

　　随着我国经济的不断发展，人们对生活环境的要求不断提高，园林花卉已成为人们生活中不可或缺的一部分。花卉以其优美的姿态、繁多的色彩、醉人的芳香，成为装点居室、构成园林景观的必要元素。它不仅赋予园林景观以生命和活力，同时还具有调节气候、涵养水土、吸附粉尘、吸收有害气体等生态价值，对环境的保护与改善作用非常显著。

　　近年来，随着我国园林绿化事业的蓬勃发展，对外交流日趋活跃，大量国外的园林花卉被引种到我国，本土的新优花卉也得到长足的应用。然而，广大的花卉工作者和爱好者在栽培、欣赏这些花卉时，往往缺少相应的参考资料。为此，我们编写了《园林花卉原色图鉴》。

　　本书共介绍了当前国内外常用花卉161种，包括一二年生草本花卉、多年生草本花卉、温室花卉，其中有部分品种为国内同类书籍首次介绍。每种花卉的介绍均以精美的实景照片为主，并配合文字简明扼要地介绍其起源分类、生长习性、应用价值。

本书内容丰富翔实、通俗易懂、科学易用、图文并茂，科学性与实用性相结合，既可作为普通高等院校、职业院校园林、风景园林、景观设计等专业师生的教学参考书，也可作为花卉爱好者、花卉科技人员、景观设计师及相关专业从业者的参考读物。

由于作者水平有限，在编写过程中难免存在疏漏之处，敬请读者批评指正。

编　者

2022 年 4 月

目 录

CONTENTS

第三章　温室花卉

第一章

一二年生草本花卉

一年生草本花卉是指在一个生长季节内完成其整个生命周期（即当年开花、结实后枯死）的草本花卉。二年生草本花卉是指在两个生长季节完成其整个生命周期的草本花卉，第一年秋季播种仅生长营养器官，到第二年春季开花、结实后枯死的花卉。一二年生草本花卉通常开花色彩鲜艳美丽，花朵繁盛整齐，装饰效果较好，是园林景观中的重要花卉。

1. 矮牵牛

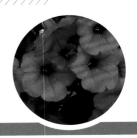

起源分类 矮牵牛，别名碧冬茄、番薯花，原产于南美洲阿根廷，为茄科碧冬茄属多年生草本花卉，常做一年栽培。

生长习性 株高20～50 cm，多分枝，呈匍匐状蔓生，覆盖面积大。花色极为丰富，有单瓣和重瓣品种，花期4月份至霜降。喜光，耐旱，耐酷暑，忌涝，适宜肥沃、疏松、排水良好的土壤。

应用价值 花色鲜艳，花期长，可植于花坛、花带、花境、草坪边缘，可用于组合盆栽或作垂吊观赏。

2. 白晶菊

 **起源分类** 白晶菊，别名晶晶菊、春梢菊，原产于欧洲，为菊科茼蒿属一年生草本花卉。

生长习性 株高 15～25 cm。叶互生，宽线形至匙形，有分裂或羽裂和粗齿。头状花序单生，有明显的花梗，舌状花，纯白色，盘心花黄色，花期4—6月份。喜温凉环境，耐寒性强，不耐高温高湿，忌寒，适宜疏松肥沃、排水性好的沙质土壤。

应用价值 低矮而强健，多花，花期早，花期长，成片栽培耀眼夺目，可植于花坛、花境、草坪边缘、林缘或路边。

3. 百日草

起源分类 百日草，别名百日菊、对叶菊，原产于墨西哥，为菊科百日草属一年生草本花卉。

生长习性 株高90～120 cm。茎直立，全株具粗毛。单叶对生，长椭圆形，全缘。头状花序单生茎顶，重瓣，舌状花，花期6—10月份。适应性强，喜阳光，耐热，耐干旱，耐瘠薄，不择土壤，适宜肥沃、排水良好的土壤。

应用价值 花大色艳，开花早，花期长，株型美观，可按高矮分别用于花坛、花境、花带栽植。也常用于盆栽。

4. 百万小玲

起源分类 百万小玲，别名舞春花、小花矮牵牛，为茄科碧冬茄属多年生草本花卉，常作一二年生栽培。

生长习性 植株上有浓密的细绒毛覆盖，叶子形状为倒披针形或狭椭圆形，花冠喇叭状，花形有单瓣、重瓣，瓣缘皱褶或呈不规则锯齿，花色有红、白、粉、紫及各种带斑点、网纹、条纹等。喜阳光充足环境，不耐干热，不耐寒。

应用价值 花瓣小巧，花开数量惊人，盛开时像倾泻而下的瀑布一样，观赏价值极高，可植于花坛、花带、花境、草坪边缘，可用于组合盆栽或作垂吊观赏。

5. 彩叶草

起源分类 彩叶草，别名洋紫苏、锦紫苏，原产于印度，为唇形科鞘蕊花属多年生草本花卉，常作一二年生栽培。

生长习性 株高20～80 cm，全株有毛。茎为四棱，基部木质化。单叶对生，卵圆形，先端长渐尖，缘具钝齿，叶面有色彩鲜艳的斑纹。顶生总状花序、花小、浅蓝色或浅紫色。喜光，耐热，耐修剪，稍耐阴，不耐寒，对土壤要求不严，以疏松、排水良好的沙质壤土为佳。

应用价值 叶色灿烂缤纷，极具美感，是视觉效果华丽美观的观叶植物，丛植、片植都具有良好的景观效果，也可盆栽观赏。

6. 雏菊

起源分类 雏菊，别名马兰头花、延命菊，原产于欧洲，为菊科雏菊属一年生草本花卉。

生长习性 株高 15~30 cm，全株具毛。叶基生，长匙形或倒卵形，先端钝圆，边缘有圆状钝锯齿，叶柄上有翼。头状花序顶生，高出叶面，花径 1.5~2.5 cm，舌状花单轮至多轮，花色丰富，花期 4—6 月份。喜冷凉气候，忌炎热，喜光，又耐半阴，对栽培土壤要求不严。

应用价值 花朵娇小玲珑，色彩和谐，早春开花，生机盎然，是春季布置花坛、花境、岩石园及草地边缘的重要花卉，也可盆栽观赏。

7. 丹麦风铃草

起源分类 丹麦风铃草，原产于欧洲南部，为桔梗科风铃草属一二年生草本花卉。

生长习性 叶卵形至倒卵形，叶缘圆齿状波形、粗糙，茎生叶小而无柄。总状花序，花冠钟状，5浅裂，基部略膨大，花亮蓝色，花期4—6月份。喜凉爽，不耐干热，不耐寒，喜充足阳光，但不能曝晒，稍耐半阴。

应用价值 丹麦风铃草造型别致，花色清新，可用于盆栽观赏，也可在园林边缘栽植。

8. 非洲凤仙

起源分类 非洲凤仙，别名何氏凤仙、玻璃翠，原产于非洲赞比亚东北部，为凤仙花科凤仙花属多年生草本花卉，常作一二年生栽培。

生长习性 株高 20～40 cm，茎直立，半透明肉质，多分枝，具红色条纹。叶互生，卵形或卵状披针形。花腋生或顶生，通常 1～3 朵，有单瓣和重瓣，花径 4～5 cm，花色丰富，花期 6—9 月份。喜温暖、湿润和半阴，不耐寒，怕干旱，忌积涝，适宜疏松、肥沃和排水良好的土壤。

应用价值 茎秆透明，叶片亮绿，繁花满株，色彩绚丽，用于花坛、花境、绿地边缘栽植或盆栽。

9. 非洲万寿菊

起源分类　非洲万寿菊，别名臭菊花，原产于墨西哥，为菊科万寿菊属多年生草本花卉，常作一年生栽培。

生长习性　株高 30～45 cm，叶基生，叶柄长，叶片长圆状匙形，羽状浅裂或深裂。头状花序单生，总苞盘状，钟形，舌状花瓣 1～2 轮或多轮呈重瓣状，花色有大红、橙红、淡红、黄色等。喜光，耐寒，怕热，适宜肥沃、疏松和排水良好的沙质壤土。

应用价值　可用于花坛、花丛、花境。

10. 观赏谷子

起源分类 观赏谷子，别名紫御谷，原产于非洲，为禾本科狗尾草属一年生草本。

生长习性 株高可达 3 m。叶片宽条形，基部呈心形，叶绿色或暗绿色并带紫色。圆锥花序紧密呈柱状，主轴硬直，密被茸毛，小穗倒卵形，颖果倒卵形，穗为紫色，花果期夏秋季。耐高温高湿，不耐寒，适宜疏松、肥沃、排水良好的土壤。

应用价值 可用于花坛、花境，丛植或盆栽观赏。

11. 桂圆菊

起源分类 桂圆菊，别名千里眼、金纽扣，为菊科金纽扣属一二年生草本花卉。

生长习性 株高 30~40 cm，茎直立或斜生，多分枝，带紫红色，有明显纵条纹。叶对生，广卵形，边缘有锯齿，叶色暗绿，头状花序单生，开花前期呈圆球形，后期伸长呈长圆形，花黄褐色，无舌状花，筒状花两性，花期 7—10 月份。喜光，耐热，忌干旱，不耐寒，适宜疏松、肥沃、排水良好的土壤。

应用价值 花形奇特，花色特殊，可用于盆栽欣赏，也可用于花坛、花境布置。

12. 花菱草

起源分类 花菱草，别名金英花、人参花，原产于美国加利福尼亚州，为罂粟科花菱草属多年生草本花卉，常作一二年生栽培。

生长习性 株高30～60 cm，茎直立，全株被白粉，呈灰绿色。基生叶数枚，多回三出羽状深裂。单花顶生具长梗，花瓣4枚，外缘微皱，有乳白、黄、红、浅粉等色，花朵晴天开放，阴天或傍晚闭合，花期4—8月份。较耐寒，喜冷凉干燥气候，不易湿热，适宜疏松、肥沃、排水良好、土层深厚的沙质土壤。

应用价值 茎叶嫩绿带灰色，花色鲜艳夺目，是良好的花坛、花境和盆栽材料，也可作切花。

13. 花烟草

起源分类 花烟草，别名长花烟草，原产于阿根廷和巴西，为茄科烟草属多年生草本花卉，常作一二年生栽培。

生长习性 株高 30～60 cm，多分枝，全株被黏毛。叶对生，基生叶匙形，茎生叶矩圆形。圆锥花序，顶生，花朵疏散，花冠长筒漏斗形，花有红、白、淡黄等色，盛花期 6—8 月份。喜温暖，不耐寒，不耐高温高湿，适宜肥沃、疏松的土壤。

应用价值 适合栽植于花坛、草坪、庭院、路边及林带边缘，也可作盆栽。

14. 黄晶菊

起源分类 黄晶菊，别名春俏菊，为菊科茼蒿菊属二年生草本花卉。

生长习性 株高 15~20 cm，茎具半匍匐性。叶互生，肉质，初生叶紧贴土面。叶形长条匙状，羽状裂或深裂，生长茂密。头状花序顶生、盘状，花小而繁多，花色金黄，花径 2~3 cm，花期极长，可达 2~3 个月。喜阳光充足而凉爽的环境，光照不足开花不良，耐寒，不耐高温，适应性强，不择土壤，在疏松、肥沃、湿润的壤土或沙质壤土中生长最佳。

应用价值 花繁色艳，叶色葱绿，极具观赏性，适于露地花坛、花境种植，作镶边或色块构图效果良好。也可盆栽，装点庭院、美化居室，是不可多得的优良花卉。

15. 藿香蓟

起源分类 藿香蓟，别名霍香蓟、胜红蓟，原产于热带美洲，为菊科霍香蓟属多年生草本花卉，常作一年生栽培。

生长习性 株高 25～40 cm，丛生而紧密，全株被白色柔毛。叶互生，卵形至圆形，边缘有钝锯齿。头状花序聚伞状着生枝顶，小花筒状，花色有蓝、淡蓝、粉红和白色等，花期 7 月份至霜降。适应性强，喜光，耐热、耐旱，稍耐阴，忌炎热，对土壤要求不严。

应用价值 植株覆盖效果好，花朵繁茂，花期长，是良好的观花地被，用于花坛、花境、花丛。

16. 角堇

起源分类 角堇,别名小三色堇、香堇菜,原产于西班牙,为堇菜科堇菜属多年生草本花卉,常作一年生栽培。

生长习性 株高 10～20 cm,茎短而直立,丛生。基生叶心形,茎生叶狭长,边缘浅波状。花瓣扁平,花色丰富,有整朵花一个颜色,或渐层色彩,或上瓣和下瓣分为两色,或花心带有条纹,或犹如猫脸变化,花期5—7月份。喜凉爽环境,忌高温,耐寒性强。宜选肥沃、排水良好、富含有机质的土壤或沙质土壤。

应用价值 株形低矮,花朵繁密,开花早、花期长、色彩丰富,是布置早春花坛的优良材料,也可用于大面积地栽而形成独特的园林景观,家庭常用来盆栽观赏。

17. 鸡冠花

起源分类 鸡冠花，别名红鸡冠、鸡公苋，原产于非洲、美洲热带和印度，为苋科青葙属一年生草本花卉。

生长习性 株高 20～100 cm，茎直立粗壮，绿色或紫红色。单叶互生，卵状披针形，先端渐尖。穗状花序顶生，花色多，花期 7—9 月份。喜温暖干燥气候，怕干旱，喜阳光，不耐涝，适宜疏松、肥沃和排水良好的土壤。

应用价值 鸡冠花是我国著名的庭院花卉，花色艳丽，花期长，广泛用于花坛、花境栽培观赏，也可盆栽或作干花。

18. 金鱼草

起源分类 金鱼草，别名龙口花、龙头花，原产于地中海地区，为玄参科金鱼草属一二年生草本。

生长习性 株高 30～70 cm，茎直立，叶片长圆状披针形，全缘。总状花序顶生，长约 25 cm，密被腺毛，花冠筒状唇形，花色有粉红、紫红、黄和白等，花期 6—9 月份。喜光，耐半阴，较耐寒，喜凉爽，忌酷暑，喜肥沃疏松、排水良好的土壤。

应用价值 花色艳丽，是花坛、花带、花境的优良花卉，也可盆栽或作切花。

19. 金盏菊

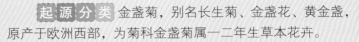

起源分类 金盏菊,别名长生菊、金盏花、黄金盏,原产于欧洲西部,为菊科金盏菊属一二年生草本花卉。

生长习性 株高 20~30 cm,株被白色茸毛。单叶互生,椭圆形,全缘,基生叶有柄,上部叶基抱茎。头状花序单生,花径 5~10 cm,有黄、橙、橙红、白等色,花期 12 月份至翌年 6 月份。喜阳光充足环境,适应性较强,较耐寒,怕炎热天气,不择土壤,以疏松、肥沃、微酸性土壤最好。

应用价值 植株低矮整齐,花色艳丽,花期长,适应性强,管理粗放,是理想的观花地被,也可用于林缘、草地边、花坛、岩石园等,还可盆栽观赏。

20. 锦葵

起源分类 锦葵，别名小钱花、棋盘花，为锦葵科锦葵属二年生草本花卉。

生长习性 株高 60~100 cm，分枝多，株被粗毛。单叶互生，圆心形或肾形，叶脉掌状。数朵花簇生于叶腋中，有紫色、粉色、红色，花期5—7月份。喜光，耐寒，耐旱，喜冷凉气候，适宜肥沃、排水良好的土壤。

应用价值 用于花坛、花境、花带背景、草坪边缘或林缘。

21. 孔雀草

起源分类 孔雀草，别名红黄草、臭菊花，原产于墨西哥，为菊科万寿菊属一年生草本花卉。

生长习性 株高 15～50 cm，茎直立，自基部分枝。叶对生或互生，羽状分裂，裂片 7～13，线状披针形，叶具油腺点，有异味。头状花序单生，花径 4～7 cm，舌状花黄色，基部或边缘红褐色，花期 7—9 月份。喜光，耐热，耐旱力强，忌水涝，对土壤要求不严。

应用价值 枝叶和花都有良好的覆盖效果，是理想的观花地被植物，可用于花坛、镶边、花境、花台，也可盆栽观赏和作切花。

22. 六倍利

起源分类 六倍利，别名翠蝶花、山梗菜，原产于南非，为桔梗科半边莲属多年生草本花卉，常作一二年生栽培。

生长习性 株高15~30 cm，半蔓性，茎枝细密。茎上部叶较小成披针形，基部的叶稍大，成广匙形，叶互生。花顶生或腋生，形似蝴蝶展翅，花色有红、桃红、紫、白等，花期为夏、秋季。喜光也能耐半阴，忌干燥、酷暑，耐寒，适宜肥沃、疏松的土壤。

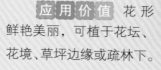

应用价值 花形鲜艳美丽，可植于花坛、花境、草坪边缘或疏林下。

23. 龙面花

起源分类 龙面花，别名耐美西亚，原产于南非，为玄参科龙面花属一年生草本花卉。

生长习性 株高 30~60 cm，多分枝。叶对生，基生叶长圆状匙形、全缘，茎生叶披针形。总状花序着生顶端，伞房状，基部呈袋状，色彩多变，有白、淡黄白、淡黄、深黄、橙红、深红和玫紫等色。喉部黄色，有深色斑点和须毛，花期为春、夏季。喜欢温暖和光照充足的气候，怕高温，喜疏松、肥沃、排水性良好、富含腐殖质的土壤。

应用价值 花形优美雅趣，色彩鲜艳多变，成片栽种则犹如五彩祥云平铺地面，很是灿烂绚丽。在园林中龙面花是良好的花坛布置材料，可成片栽植成景，也可作盆花和切花。

24. 麦秆菊

起源分类 麦秆菊，别名蜡菊、七彩菊，原产于澳大利亚，为菊科蜡菊属一二年生草本花卉。

生长习性 茎直立，高20～120 cm，分枝直立或斜升。叶长披针形至线形，长达12 cm。头状花序单生于枝端，总苞片外层短，覆瓦状排列，外层椭圆形呈膜质，干燥具光泽，形似花瓣，有白、粉、橙、红、黄等色，花期7—9月份。喜阳光充足、空气干燥环境，不耐寒，忌酷热，不择土壤，适应性强。

应用价值 总苞片色泽绚丽，干后经久不凋，常用以制作干花，供室内装饰，庭院中可布置花坛或林缘丛植。

25. 美女樱

起源分类 美女樱,别名美人樱、草五色梅,原产于巴西,为马鞭草科马鞭草属一年生草本花卉。

生长习性 株高 20～40 cm,全株被灰色柔毛。茎直立,枝多横展,匍匐状,具4棱。叶对生,长椭圆形,边缘有明显的锯齿。多数小花密集排列呈伞房状,花冠高脚碟状,花色有蓝、紫、红、粉红和白等,花期5—8月份。喜温暖、湿润和阳光充足环境,不耐寒,不耐阴,忌涝。适宜在疏松肥沃的土壤中生长。

应用价值 株丛矮密,生长茂盛,花色艳丽,可植于花坛、花带、草坪边缘或疏林。

26. 三色堇

起源分类 三色堇，别名大花三色堇、蝴蝶花、鬼脸花，原产于欧洲北部，为堇菜科堇菜属一年生草本花卉。

生长习性 株高 15～25 cm，茎多分枝而侧卧地面。基生叶圆心形，茎生叶较狭，圆钝锯齿，基部羽状深裂。花大，每枝 1～2 朵腋生，花瓣扁平，花径 5～10 cm，花色有紫、红、蓝、白、黄和双色等，花期 4—7 月份。喜光和凉爽环境，忌炎热雨涝，适宜疏松、肥沃和排水良好的土壤。

应用价值 花色丰富、形态奇特，多植于花坛、花境、花带、草坪边缘，也可盆栽。

27. 伞花蜡菊

起源分类 伞花蜡菊，为菊科蜡菊属一二年生草本植物。

生长习性 茎细弱，直立或匍匐。叶全缘，茎秆及叶片呈银白色。喜温暖、光照充足、通风良好、偏干燥的环境。

应用价值 叶色银白，可用于绿地内图案栽植，也可植于花坛、花境或岩石园。

28. 鼠尾草

起源分类 鼠尾草，别名洋苏草，原产于欧洲南部与地中海沿岸，为唇形科鼠尾草属一年生草本花卉。

生长习性 株高 30~100 cm，植株呈丛生状，植株被柔毛。茎直立，四角柱状。叶对生，长椭圆形，绿色叶脉明显，两面无毛，下面具腺点。顶生总状花序，花序长为 15 cm 以上，苞片较小，披针形，蓝紫色，开花前包裹着花蕾，花萼钟形，蓝紫色，萼外沿脉上被具腺柔毛，花期 6—9 月份。喜温暖、光照充足、通风良好的环境，耐旱，但不耐涝，不择土壤，喜石灰质丰富的土壤，适宜排水良好、土质疏松的中性或微碱性土壤。

应用价值 用于盆栽、花坛、花境和园林景点的布置。

29. 万寿菊

起源分类 万寿菊，别名臭芙蓉、大芙蓉，原产于墨西哥，为菊科万寿菊属一年生草本花卉。

生长习性 株高 30～60 cm，茎直立，粗壮。叶对生或互生，羽状全裂，边缘有锯齿，叶缘背面具油腺点，有强臭味。头状花序单生，花径 6～11 cm，花色有鲜黄、金黄、橙黄等，花形有单瓣、重瓣，花期 6—10 月份。喜温暖、阳光充足的环境，耐寒，耐旱，对土壤要求不严，在富含有机质的土壤中生长最佳。

应用价值 花色鲜艳，开花繁多，花期长，栽培容易，是常用的草本花卉。大面积栽培，花海一片，金黄耀眼，可用于花坛、篱垣、花丛、花境。

30. 五色苋

起源分类 五色苋，别名红绿草、五色草，原产于巴西，为苋科莲子草属多年生草本花卉，常作一二年生栽培。

生长习性 株高 10~20 cm，茎直立或斜生，多分枝。叶对生，全缘，呈窄匙形，叶有绿、紫、红等色。头状花序簇生叶腋，小型，花小，白色，花被 5 片。喜光，略耐阴，喜温暖湿润环境，不耐热，也不耐旱，以富含腐殖质、疏松肥沃的沙质壤土为宜。

应用价值 植株低矮，耐修剪。叶片有红色、黄色、绿色或紫褐色等类型，利用耐修剪和不同色彩的特性，常用于园林图案布置。

31. 夏堇

起源分类 夏堇，别名蓝猪耳、蓝翅蝴蝶草，原产于越南，为玄参科蝴蝶草属一年生草本花卉。

生长习性 株高20～50 cm，茎具四棱，分枝多，呈披散状。叶对生，呈卵状心形，边缘锯齿状。上部叶腋或顶生短总状花序，圆形，中裂片基部具大块黄斑，有玫瑰红、蓝白双色等，花期7—10月份。喜光，耐半阴，耐暑热，较耐旱，怕积水，不耐寒，适宜肥沃、疏松的土壤。

应用价值 花朵小巧，花色丰富，花期长，生性强健，适合花坛、花境、草坪边缘、坡地图案栽植，也可做成花钵、组合盆栽。

32. 香彩雀

起源分类 香彩雀，别名水仙女、蓝天使，原产于南美洲，为玄参科香彩雀属一年生草本花卉。

生长习性 株高 40～50 cm，全体被腺毛，茎秆细、直立，多分枝。叶对生或上部互生，无柄，披针形或条状披针形，具尖而向叶顶端弯曲的疏齿。花单生叶腋，花瓣唇形，上方四裂，花梗细长，花期 5—7 月份。喜光，喜温暖，耐高温，不耐寒。适宜疏松、肥沃且排水良好的土壤。

应用价值 花形小巧，花色淡雅，可植于花坛、花境、疏林下，也可盆栽。

33. 向日葵

起源分类 向日葵，别名朝阳花、转日莲、向阳花，为菊科向日葵属一年生草本花卉。

生长习性 植株高大，高为 60～300 cm，被短糙毛或白色硬毛。叶对生或互生，有柄。头状花序大，单生或排列成伞房状，花序边缘生中性的黄色舌状花，花期 6—7 月份。喜光，耐寒，对土壤要求不严。

应用价值 植株挺拔，是优良的花境背景材料，也可作切花。

34. 新几内亚凤仙

起源分类 新几内亚凤仙，原产于非洲热带，为凤仙花科凤仙花属多年生草本花卉，常作一年生栽培。

生长习性 株高25～35 cm。茎肉质光滑，青绿色或红褐色，分枝多。多叶轮生，叶披针形，叶缘具锐锯齿，叶色黄绿至深绿色。花单生或数朵成伞房花序，花柄长，花色有粉红、红、紫罗兰及白色等，花期6—9月份。喜光，耐半阴，耐酷暑，不耐寒，适宜疏松、肥沃和排水良好的土壤。

应用价值 花色丰富、娇美，用来装饰案头墙几，别有一番风味，也是花坛、花境的良好材料。

35. 一串红

起源分类 一串红，别名西洋红、爆仗红，原产于巴西，为唇形科鼠尾草属多年生草本花卉，常作一年生栽培。

生长习性 株高 30～80 cm，茎直立，四棱形。叶对生，呈卵圆形，先端渐尖，基部截形或圆形，两面无毛。轮伞花序着生枝顶，花序长达 20 cm，苞片卵圆形且红色，花萼钟形且红色，花冠红色，冠筒筒状，直伸，花柱与花冠近相等，变种有白色、粉色、紫色等，花期 7 月份至霜降。喜光，耐半阴，不耐寒，忌霜雪和高温，怕积水，碱性土壤，要求疏松、肥沃和排水良好的沙质土壤。

应用价值 常用红花品种，花朵繁密，色彩艳丽，常作花丛、花坛的材料，也可植于自然式林缘。

36. 银叶菊

起源分类 银叶菊,别名雪叶菊,原产于地中海地区,为菊科千里光属多年生草本花卉,常作一二年生栽培。

生长习性 株高15～30 cm,全株被白色柔毛,茎直立,多分枝,枝条披散丛生。叶互生,匙形或一至二回羽状分裂,正反面均被银白色柔毛,质厚、光滑、银白色。头状花序,由淡黄色的管状花组成,外被白色的绒毛、常隐于叶丛之中,不显著,花期6—8月份。喜光,较耐旱,耐修剪,怕水涝,不耐寒,适宜疏松土壤。

应用价值 银白色的叶片远看像一片白云,与其他色彩的纯色花卉搭配栽植,效果极佳,是重要的花坛观叶植物,可植于花带、花坛、花境、草坪边缘或盆栽。

37. 虞美人

起源分类 虞美人，别名丽春花、赛牡丹，原产于欧亚温带大陆，为罂粟科罂粟属一二年生草本花卉。

生长习性 株高 30～90 cm，茎多分枝，被糙毛。叶互生，羽状全裂，边缘有粗锯齿。花单生于茎和分枝顶端，花径达 8 cm，有重瓣类，有白、红、粉红、紫红等色，花期 5—7 月份。耐寒，怕暑热，喜阳光充足的环境，喜排水良好、肥沃的沙质壤土。

应用价值 花多彩多姿、颇为美观，适宜用于花坛、花境栽植，也可盆栽或作切花。在公园中成片栽植，景色非常宜人。

38. 羽扇豆

起源分类 羽扇豆，别名鲁冰花，原产于地中海地区，为豆科羽扇豆属一年生草本花卉。

生长习性 株高 20～70 cm，茎粗壮、直立。掌状复叶，多为基部着生，小叶 7～15 枚，披针形至倒披针形，叶质厚，背面具硬毛。总状花序顶生，长 20～40 cm，小花蝶形，花色丰富艳丽，常见有红、黄、蓝、粉等色，花期 5—8 月份。喜光，稍耐阴，忌炎热，要求土层深厚、疏松、排水良好的酸性沙质壤土。

应用价值 用于布置花坛、花境或在草坡中丛植，也可盆栽或作切花。

39. 月见草

起源分类 月见草，别名待霄草、山芝麻、野芝麻，原产于北美，为柳叶菜科月见草属一二年生草本花卉。

生长习性 株高50~140 cm，茎绿色，分枝开展，全株具毛。基生叶狭倒披针形，茎生叶卵圆形，边缘有不整齐锯齿。花单生叶腋，有黄色、粉色或白色，花径4~5 cm，芳香，花期6—9月份。喜光照，耐旱，忌炎热，忌积涝，适宜富含腐殖质肥沃的土壤。

应用价值 花香美丽，可用于花境、花坛、丛植，也宜作为大片地被花卉。

40. 长春花

起源分类 长春花，别名日日春、日日草，原产于地中海沿岸，为夹竹桃科长春花属多年生草本花卉，常作一年生栽培。

生长习性 株高30~60 cm，全株有乳汁，茎直立，多分枝。叶对生，膜质，长椭圆形或倒卵形，全缘，先端圆钝。聚伞花序腋生或顶生，花冠轮状，花色有玫瑰红、粉红、紫或白，花期6—9月份。喜光，耐热，较耐旱，耐贫瘠，忌积涝，不耐寒，适宜疏松肥沃、排水良好的土壤。

应用价值 花色艳丽、花期长，是良好的地被植物，用于花坛、花境和林缘等处，也可盆栽观赏。

41. 紫罗兰

起源分类 紫罗兰，别名草桂花克，原产于地中海沿岸，为十字花科紫罗兰属二年生草本花卉。

生长习性 株高 40~50 cm，全株密被灰白色具柄的分枝柔毛。茎直立，多分枝，基部稍木质化。叶互生，长圆形至倒披针形或匙形，全缘或呈微波状，灰绿色。总状花序顶生，花多数，较大，花梗粗壮，萼片直立，长椭圆形，花瓣近卵形，边缘波状，花色有酒红、桃红、浅紫等，芳香，花期 6—7 月份。喜冷凉的气候，忌燥热，耐寒不耐阴，怕渍水，喜通风良好的环境，对土壤要求不严，但在排水良好、中性偏碱的土壤中生长较好，忌酸性土壤。

应用价值 花朵茂盛，花色鲜艳，香气浓郁，花期长，花序也长，为众多爱花者所喜爱，适宜盆栽观赏，适宜布置花坛、台阶、花径，整株花朵可作为花束。

42. 紫茉莉

起源分类 紫茉莉，别名草茉莉、胭脂花、夜来香，原产于热带美洲地区，为紫茉莉科紫茉莉属一二年生草本花卉。

生长习性 株高约 1 m，主茎直立，侧枝散生，节部膨大。单叶对生，卵状，全缘。花数朵顶生，萼片呈花瓣状，花冠漏斗形，不分瓣，花色有白、粉、紫等，并有条纹或斑点状复色，具茉莉香味，花期 6—10 月份。喜温和而湿润的气候条件，不耐寒，喜排水良好的肥沃沙质土壤。

应用价值 苞片色泽艳丽、瘦果奇特，可片植于树荫下，也可种植于草坪边缘、庭院花坛、岩石园中。

43. 醉蝶花

起源分类 醉蝶花，别名凤碟草、紫龙须，为山柑科白花菜属一年生草本花卉。

生长习性 株高80~120cm，有黏质腺毛和气味。掌状复叶，小叶5~7枚，矩圆状披针形，全缘。总状花序顶生，花形优美别致，花瓣团圆如扇，花蕊突出如爪，形似蝴蝶飞舞，花色有粉白、粉、紫红等，花期夏末至秋初。适应性强性，较耐暑热，喜光，耐半阴，忌寒冷、积水，对土壤要求不严。

应用价值 花瓣轻盈飘逸，盛开时似蝴蝶飞舞，颇为有趣，可用于花坛、花境、地被、盆栽或作切花。

第二章

多年生草本花卉

　　多年生草本花卉是指能生活二年以上的草本花卉，根据地下部器官是否发生变态分为宿根花卉和球根花卉；其中地下部器官形态未变态成球状或块状的多年生草本花卉称为宿根花卉，而地下部的茎或根发生变态，膨大形成球状或块状贮藏器官的多年生草本花卉称为球根花卉。多年生草本花卉使用方便经济，一次种植可多年观赏，大多数种类对环境要求不严，适于多种应用方式。

1. 澳洲狐尾

起源分类 澳洲狐尾，别名澳洲狐尾草、澳洲狐尾苋，原产于澳洲，为苋科狐尾属多年生草本植物。

生长习性 茎直立或斜伸，嫩茎及花序有毛。叶互生，匙形、倒卵形或圆形，质地坚硬，叶身波浪状，叶长5~8 cm。穗状花序自茎端及叶腋伸出，花序柄长约10 cm，花序约5 cm，苞片褐色，花萼密生白色柔毛，长筒状，花红色或粉红色。花期夏季至秋季。喜光照，喜温，耐热，耐旱，适应能力较强。

应用价值 澳洲狐尾大而毛茸茸的花朵在银绿色的叶片上绽放，红色且闪着银色光芒的圆锥形穗状花序时不时地吸引着人们的眼球，可作小盆栽、组合盆栽，适合庭院花坛、花境。

2. 八宝景天

起源分类 八宝景天，别名华丽景天、长药八宝、大叶景天，我国东北地区和朝鲜均有分布，为景天科八宝属多年生草本花卉。

生长习性 株高30～70 cm，地下茎肥厚，地上茎簇生、粗壮，全株略被白粉、呈灰绿色。叶肉质，3～4枚轮生，倒卵形，光滑、全缘。伞房状聚伞花序着生茎顶如平头状，花序直径10～13 cm，小花有红、白粉、紫等色，花期7—9月份。适应性强，喜光、稍耐阴，耐寒，耐旱，对土壤要求不严，适宜疏松土壤。

应用价值 植株整齐，可植于花坛、花带、花境、草坪边缘或岩石园。

3. 百合

　　起源分类　百合，别名野百合、布朗百合、淡紫百合，为百合科百合属多年生草本花卉。

　　生长习性　鳞茎球形，黄白色。地上茎直立，株高70~150 cm。叶披针形，螺旋着生于茎上。花单生于枝项，多色。喜半阴、干燥而通风的环境，忌连作，适宜排水良好、富含腐殖质的土壤。

　　应用价值　花姿雅致，花茎挺拔，是点缀庭园与切花的名贵花卉，可于疏林、空地片植或丛植，也可盆栽、水养。

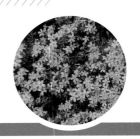

4. 丛生福禄考

起源分类 丛生福禄考，原产于北美东部，为花葱科天蓝绣球属多年生草本花卉。

生长习性 株高8～10 cm，老茎半木质化，枝叶密集，匍地生长。叶针状，簇生，革质，春季叶色鲜绿，夏、秋季暗绿色，冬季经霜后变成灰绿色。聚伞花序顶生，有短柔毛，花萼筒状，裂片条形，外面有柔毛，花有紫红色、白色、粉红色等，花期5—12月份。喜阳光，稍耐阴，忌水涝，该花生长强健，不择土壤，喜向阳高燥之地，但以石灰质土壤最适生长。

应用价值 开花季节，繁盛的花朵将茎叶全部遮住，形成花海，百艳争芳，淡雅可爱，观赏价值很高，是优良的地被花卉。

5. 翠芦莉

起源分类 翠芦莉，别名蓝花草、兰花草、芦莉草，为爵床科单药花属多年生常绿草本。

生长习性 株高 20～60 cm，茎略呈方形，红褐色。单叶对生，线状披针形，叶暗绿色，新叶及叶柄常呈紫红色，叶全缘或疏锯齿。花腋生，花径 3～5 cm，花冠漏斗状，具放射状条纹，细波浪状，多蓝紫色，少数粉色或白色，花期 3—10 月份，花期极长。植株抗逆性强，适应性广，对环境条件要求不严，不择土壤，耐贫瘠力强，耐轻度盐碱土壤。

应用价值 适合庭园成簇美化或盆栽，花坛布置花期持久，是夏季花坛不可多得的花材，其优雅的蓝紫色也可与其他植物组合成色彩丰富的花坛图案。

6. 大花滨菊

起源分类 大花滨菊，原产于英国，为菊科滨菊属多年生草本花卉。

生长习性 茎高 40～100 cm。基生叶倒披针形具长柄，茎生叶无柄、线形。头状花序单生于茎顶，舌状花白色，有香气，管状花两性，黄色，花期 6—7 月份。喜光，耐半阴，耐寒，适宜湿润、肥沃和通透性好的中性土壤。

应用价值 多用于庭院绿化或布置花境，是优良的切花。

7. 大花葱

起源分类 大花葱，别名硕葱，原产于亚州中部，为百合科葱属多年生草本花卉。

生长习性 具地下鳞茎，株高1.2～1.7 m。基生叶宽带形，全缘。伞形花序，花顶生密集，球形，花色紫红，花期6—7月份。喜凉爽与阳光充足环境，忌湿热多雨，要求疏松、肥沃、排水良好的沙质壤土。

应用价值 花色艳丽，花形奇特，可用于花坛、花境、疏林下或岩石园，还可作切花。

8. 大花金鸡菊

起源分类 大花金鸡菊，别名剑叶波斯菊、狭叶金鸡菊，原产于美洲，为菊科金鸡菊属多年生草本花卉。

生长习性 株高 50～80 cm，全株被疏毛，多分枝。叶多丛生基部，茎生叶少，线形或披针形。花梗长，花单生或疏圆锥花序，花鲜黄色，夺目绚丽，舌状花斑纯黄色，先端 4～5 齿裂，中心管状花也为黄色，花径 4～6 cm，有单瓣和重瓣品种，花期 5—9 月份。适应性极强，喜光，耐寒，耐瘠薄，忌炎热，不择土壤。

应用价值 花色明亮鲜艳，是优良的观花观叶地被植物。自然丛植于坡地、路旁，颇具田园风光，可栽植于花坛、花境或作切花。

9. 大丽花

起源分类 大丽花,别名大丽菊、天葵、大理花,原产于墨西哥,为菊科大丽花属多年生草本花卉。

生长习性 地下具肥大纺锤状肉质块根,株高 50~150 cm。叶 1~3 回羽状全裂,裂片卵形,下面灰绿色,两面无毛。头状花序,具长梗,顶生或腋生,外围舌状花色彩丰富而艳丽,花期 7—9 月份。喜光,喜凉爽气候,怕严寒,忌酷暑,忌积水又不耐干旱,以富含腐殖质的沙质壤土为宜。

应用价值 类型多变,色彩丰富,可用于花坛、花境、花丛,也可盆栽或作切花等。

10. 德国鸢尾

起源分类 德国鸢尾，原产于欧洲，为鸢尾科鸢尾属多年生草本花卉。

生长习性 根状茎粗壮而肥厚，常分枝。叶直立或略弯曲，淡绿色、灰绿色或深绿色，常具白粉，剑形。花茎光滑，黄绿色，高 60～100 cm，上部有 1～3 个侧枝，花大，鲜艳，直径可达 12 cm，花色因栽培品种而异，多为淡紫色、蓝紫色、深紫色或白色，有香味，花期 4—5 月份。喜光，耐阴，耐寒，喜排水良好、适度湿润的土壤。

应用价值 常作地被和花坛之用。

11. 堆心菊

起源分类 堆心菊，别名翼锦鸡菊，原产于北美，为菊科堆心菊属多年生草本植物。

生长习性 株高 60 cm 以上，茎直立，少分枝。叶阔披针形，头状花序生于茎顶，舌状花柠檬黄色，花瓣阔，先端有缺刻，管状花黄绿色，花期 7—10 月份。性喜温暖向阳环境，抗寒耐旱，不择土壤，在田园土、沙质壤土、微碱或微酸性土中均能生长。

应用价值 花色纯黄，花开不断，即使在炎热的夏季，观赏期也能长达 3~4 个月，是炎热夏季花园地栽、容器组合栽植不可多得的花材，多作为花坛镶边或布置花境。

12. 矾根

起源分类 矾根，别名珊瑚铃，原产于美洲中部，为虎耳草科矾根属多年生草本花卉。

生长习性 株高 30～40 cm，丛生，浅根性。叶基生，掌状浅裂，边缘有缺刻，紫色、黄绿色。花小，钟状，花色有白色、红色等，花期 6—10 月份。耐寒，耐阴，在肥沃、排水良好、富含腐殖质的土壤上生长良好。

应用价值 观叶植物，园林中多用于林下、花境、花坛、花带、地被、庭院绿化等。

13. 飞燕草

起源分类 飞燕草，别名南欧翠雀，原产于欧洲南部，为毛茛科飞燕草属多年生草本花卉。

生长习性 株高 90～110 cm，茎直立，多分枝。叶片呈掌状 3 深裂至全裂，顶生总状花序或穗状花序，长达 30 cm，花色有蓝、白、粉红等，有矮生和重瓣等品种，花期 6—9 月份。喜阳光充足和凉爽的气候，怕高温，能耐寒、耐旱，忌渍水，在肥沃、富含腐殖质的黏质土壤中生长较好。

应用价值 花形奇特，有较高的观赏性，常用于花坛、花境栽植，也可盆栽或作切花。

14. 风信子

起源分类 风信子，别名五色水仙，原产于欧洲南部，为风信子科风信子属多年生草本花卉。

生长习性 株高30~40 cm，鳞茎球形。单叶基生，4~8枚，叶厚披针形。总状花序顶生，有花6~12朵，漏斗形，反卷，花色有红、黄、蓝、白、紫等，具芳香味，花期4—5月份。喜温暖湿润，喜光，适宜肥沃、排水良好的沙质壤土。

应用价值 可用于花坛、花境、疏林下或林缘，也可盆栽、水养或作切花。

15. 狗尾红

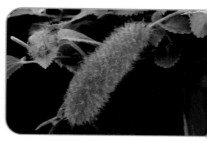

起源分类 狗尾红，别名岁岁红、红尾铁苋，原产于马来群岛以及新几内亚地区，为大戟科铁苋菜属多年生草本这个植物。

生长习性 株高 0.5～3 m。叶卵圆形，顶端渐尖，边缘具粗锯齿。花鲜红色，着生于尾巴状的长穗花序上，花序长 30～60 cm，花期 2—11 月份。喜温暖湿润和阳光充足环境，不耐寒，怕干旱，忌曝晒。

应用价值 狗尾红花序色泽鲜艳，十分喜人。适合花坛美化、吊盆栽植或地被。宜植于公园、植物园和庭院内。

16. 瓜叶菊

起源分类 瓜叶菊，别名富贵菊、千叶莲，原产于大西洋加那利群岛，为菊科瓜叶菊属多年生草本花卉，常作一二年生栽培。

生长习性 株高30～70 cm，茎直立，全株密被绒毛。叶具柄，叶片大、心形，叶缘具波状或多角状齿，形似黄瓜叶片。头状花序，在茎端排列成宽伞房状，花有紫红、桃红、粉、紫、蓝、白等色和复色，瓣面有绒毛，花期1—4月份。喜凉爽，怕严寒和高温，喜富含腐殖质、排水良好的沙质壤土。

应用价值 可盆栽点缀于室内、庭院，也可布置成模纹花坛，或作大型花坛的镶边材料，并可作切花。

17. 荷包牡丹

起源分类 荷包牡丹，别名荷包花、兔儿牡丹、铃儿草，原产于中国、西伯利亚及日本，为罂粟科荷包牡丹属多年生草本植物。

生长习性 株高4～70 cm，根状茎。叶片轮廓三角形，二回三出全裂，小裂片通常全缘，表面绿色，背面具白粉，两面叶脉明显。总状花序，花形似牡丹，外花瓣紫红色至粉红色，稀白色，花期5—6月份。喜半阴的环境，耐寒而不耐高温，炎热夏季休眠，不耐干旱，喜湿润、排水良好的肥沃沙质壤土。

应用价值 荷包牡丹叶丛美丽，花朵玲珑，形似荷包，色彩绚丽，是盆栽和切花的好材料，也适宜布置花境，在树丛、草地边缘湿润处丛植，景观效果极好。

18. 花毛茛

起源分类 花毛茛，别名芹菜花，原产于以土耳其为中心的亚洲西南部和欧洲东南部，为毛茛科花毛茛属多年宿根草本花卉。

生长习性 株高 20~40 cm，茎单生，少数分枝，有毛。茎生叶近无柄，羽状细裂，叶缘也有钝锯齿。单花着生枝顶，花冠丰圆，花瓣平展，错落叠层，花色丰富，有白、黄、红、水红、大红、橙、紫和褐色等，花期 4—5 月份。喜凉爽及半阴环境，忌炎热，既怕湿又怕旱，宜种植于排水良好、肥沃、疏松的中性或偏碱性土壤。

应用价值 株姿玲珑秀美，花色丰富艳丽，常种植于树下、草坪中，以及种在建筑物的阴面，也适宜作切花或盆栽。

19. 黄芩

起源分类　黄芩，原产于我国黑龙江，为唇形科黄芩属多年生草本花卉。

生长习性　株高 30~80 cm，茎钝四棱形，绿色或常带紫色，自基部分枝多而细。叶交互对生，披针形至线状披针形，顶端钝，基部圆形。总状花序顶生，偏向一侧，苞片叶状，花冠二唇形，蓝紫色或紫红色，花期 6—9 月份。喜温暖、阳光充足环境，耐严寒，耐旱怕涝，排水不良的土地不宜种植，以壤土和沙质壤土为好，酸碱度以中性和微碱性为好，忌连作。

应用价值　可植于花坛、花境、林缘。

20. 黄水仙

起源分类 黄水仙，别名喇叭水仙，原产于欧洲西部，为石蒜科水仙属多年生草本花卉。

生长习性 鳞茎卵圆形。叶片 5～6 枚，宽线形，先端钝，灰绿色。顶生花有 6 片花瓣，分为内花冠和外花冠，内花冠呈橙色，外花冠呈黄色，外花冠喇叭形，边缘呈不规则齿状。喜温暖、湿润和阳光充足环境，以肥沃、疏松、排水良好、富含腐殖质的微酸性至微碱性沙质壤土为宜。

应用价值 花茎挺拔，花朵硕大，花色温柔，清香诱人，是世界著名的球根花卉，用于花境、花坛或盆栽。

21. 火炬花

起源分类 火炬花，别名红火棒、火把莲，为百合科火把莲属多年生草本植物。

生长习性 株高可达 120 cm，茎直立。叶丛生、草质、剑形稍带白粉。总状花序着生数百朵筒状小花，呈火炬形，花冠黄色、橘红色，花期 6—9 月份。喜欢温暖环境，光照要求充足，喜疏松肥沃、排水性良好的沙质土壤。

应用价值 火炬花的花茎如高高擎起火炬般，非常壮丽美观，既可丛植于草坪当中或者庭院的假山石旁作院中配景，又可作切花。

22. 假龙头

起源分类 假龙头，别名芝麻花、随意草，原产于北美，为唇形科假龙头花属多年生草本花卉。

生长习性 株高30～80 cm，茎丛生而直立，四棱形。单叶对生，披针形，亮绿色，边缘具锯齿。穗状花序顶生，小花密集，唇瓣短，花色有淡蓝、紫红、粉红，花期7—9月份。适应性强，耐寒，耐旱，耐湿润，耐修剪，对土壤要求不严。

应用价值 叶形整齐，花色艳丽，很适合花坛、花境、地被，也可作切花或盆花。

23. 姜荷花

起源分类　姜荷花，原产于泰国清迈，为姜科姜黄属球根花卉。

生长习性　种球由球茎及其基部的贮藏根组成。叶长椭圆形，中肋紫红色。穗状花序，花梗上端有半圆状绿色、粉红色苞片，小花着生苞片内，花色有白色、粉色。喜温暖湿润、阳光充足的气候。

应用价值　花大色艳、花形独特，既可观花，又可赏叶，且花期长，生长快，种球不易退化，可用于花境、花坛、盆栽或作切花。

24. 金娃娃萱草

起源分类 金娃娃萱草，别名黄百合，原产于北美，为百合科萱草属多年生草本花卉。

生长习性 根近肉质，先端膨大呈纺锤状。叶基生，条形，排成两列。花葶粗壮，螺旋状聚伞花序，花冠漏斗形，金黄色，花期5—11月份。喜光、耐干旱、湿润与半阴，对土壤适应性强，但以土壤深厚、富含腐殖质、排水良好的肥沃的沙质壤土为好。

应用价值 叶秀花艳，适宜在城市公园、广场等绿地丛植点缀。

25. 金叶番薯

起源分类 金叶番薯，为旋花科番薯属多年生草本植物。

生长习性 块根，茎略呈蔓性，平卧或上升，多分枝。叶宽卵形，全缘，基部心形，叶色为金黄色。适应性强，耐热，喜光，耐高温高湿，耐贫瘠，耐修剪，不耐寒。

应用价值 观叶植物，用于花坛、花境、垂绿或盆栽。

26. 蓝蝴蝶鸢尾

起源分类 蓝蝴蝶鸢尾，别名铁扁担，原产于我国山西等地，为鸢尾科鸢尾属多年生草本花卉。

生长习性 叶多基生，相互套叠，排成两列，叶剑形、条形或丝状。花茎自叶片丛中抽出，花及花序基部着生数枚苞片，花较大，花色有蓝紫、紫、红紫、黄和白，花被管喇叭形，花期4—5月份。喜光，稍耐阴，耐寒，喜排水良好、适度湿润的土壤。

应用价值 植株形态秀美挺拔，叶片青翠，花色娇美，花形奇特，是优良的花卉，常作地被和花坛之用。

27. 林荫鼠尾草

起源分类 林荫鼠尾草，原产于欧洲中部及西部，为唇形科鼠尾草属多年生草本花卉。

生长习性 株高 50～90 cm，叶对生，长卵圆形或近披针形，叶面皱，先端尖，具柄。轮伞花序再组成穗状花序，花冠二唇形，略等长，下唇反折，花色有蓝紫色、白色，花期夏季至秋季。喜光，耐半阴，较耐寒，耐干旱、瘠薄，忌水涝，适宜日照充足、通风良好的沙质壤土。

应用价值 适用于花坛、花境和园林景点的布置，也可点缀岩石旁、林缘空隙地。

28. 耧斗菜

起源分类 耧斗菜，别名猫爪花，原产于欧洲和北美，为毛茛科耧斗菜属多年生草本花卉。

生长习性 株高 50～90 cm，茎直立，多分枝。基生叶具长柄，茎生叶较小，一至二回三出复叶。聚伞花序，花下垂，花形独特，花瓣 5 枚，花色有紫红、深红、黄色等，花药黄色，花期 6—8 月份。喜半阴，耐寒，忌酷暑和干旱，适宜肥沃、疏松排水良好的土坡。

应用价值 叶态优美，花形独特，可用于花坛、花境、林缘或山坡草地，也是切花的良好材料。

29. 落新妇

起源分类　落新妇，别名小升麻、红升麻，为虎耳草科落新妇属多年生草本植物。

生长习性　株高 40～80 cm，茎直立。基生叶二至三回三出复叶，小叶披针形、卵形或阔椭圆形，先端渐尖，基部多楔形，边缘有牙齿。圆锥花序顶生，具苞片，小花密集，有白色、淡紫色或紫红色，花期 7—8 月份。耐寒，耐热，喜半阴湿润环境，喜疏松肥沃、排水良好的土壤。

应用价值　叶色翠绿，叶形雅致，可栽植于花坛和花境，也可作盆栽和切花。

30. 毛地黄

起源分类 毛地黄，别名金钟、心脏草，原产于欧洲，为玄参科毛地黄属多年生草本花卉。

生长习性 株高 80～100 cm，全株密被白色短毛，茎直立，少分枝。基生叶具长柄，卵形至卵状披针形，茎生叶，叶柄短或无，长卵形。总状花序顶生，花偏生一侧，倒垂，花冠钟形，花色有粉、紫、白、浅黄和玫瑰红等，花筒内有深色斑点，花期 6—7 月份。喜光，耐旱，喜凉爽，耐瘠薄土壤。

应用价值 花序挺拔、艳丽，花形奇特，可植于花坛、花境、草坪边缘，也可作切花或盆花。

31. 美丽飞蓬

起源分类 美丽飞蓬，别名长生菊、金盏花，为菊科飞蓬属多年生草本花卉。

生长习性 株高 40~60 cm，多叶，有分枝并具疏毛。叶匙形至披针形。头状花序顶生，舌状花蓝紫色或白色，管状花黄色，花期 5—9 月份。喜光，耐寒，耐瘠薄土壤，怕热，适宜肥沃、疏松、排水良好的沙质壤土。

应用价值 可栽植于花坛、花境，也可盆栽或作切花。

32. 美丽日中花

起源分类 美丽日中花，别名松叶雏菊，原产于南部非洲，为番杏科松叶菊属多年生草本花卉。

生长习性 株高 30 cm，茎丛生，基部木质，多分枝。叶对生，叶片肉质，三棱线形，具凸尖头，基部抱茎，粉绿色，有多数小点。花单生枝端，花瓣多数，紫红色至白色。喜温暖、阴凉通风环境，忌高温多湿，忌强光直射，以疏松肥沃、排水良好的沙质壤土为佳。

应用价值 花大艳丽，枝叶翠绿，可作地被绿化，也可作盆栽垂吊，供家庭阳台和室内向阳处观赏。

33. 木茼蒿

起源分类 木茼蒿，原产于北非加那利群岛，为菊科木茼蒿属多年生花卉。

生长习性 株高 80~100 cm，枝条大部分木质化。叶呈蕨叶状，浅绿色。头状花序顶生，有长花梗，舌状花浅黄色，管状花深黄色，花期6—8月份。喜光，稍耐寒，适宜深厚、肥沃的土壤。

应用价值 枝叶繁茂，株丛整齐，花色淡雅，可植于花坛、花境、草坪边缘或山坡。

34. 飘香藤

起源分类 飘香藤，别名红皱藤、双腺藤、红蝉花，原产于美洲热带，为夹竹桃科双腺藤属多年生藤本植物。

生长习性 缠绕茎柔软而有韧性。叶椭圆形、硕大，叶面皱，近全缘，叶色浓绿、富有光泽先端急尖，革质。花腋生，花冠漏斗形，花色为红色、桃红色、金红色、粉红等，且富于变化，花期4—10月份。喜温暖湿润及阳光充足的环境，也可置于稍荫蔽的地方，但光照

不足开花减少，对土壤的适应性较强，但以富含腐殖质、排水良好的沙质壤土为佳。

应用价值 飘香藤不仅花枝优美独特，枝条柔软，可做各种造型，且花朵美丽，经常出现花多于叶的盛况，可用于室外篱垣、棚架、天台、小型庭院美化，也可以作室内小盆栽装点居室阳台、窗台、走廊。

35. 葡萄风信子

起源分类 葡萄风信子，别名葡萄水仙、蓝壶花，原产于欧洲中部，为百合科风信子属多年生草本花卉。

生长习性 地下具鳞茎，卵圆形。叶基生，线形，边缘常内卷。花梗从鳞茎顶部中央抽出，直立圆筒形，总状花序，上面密生许多串铃的小花，花期4—5月份。喜光，耐半阴，耐寒，适宜富含腐殖质、疏松、排水良好的沙质壤土。

应用价值 植株低矮，花色淡雅，可用于花坛、花境、疏林下或林缘，也可盆栽、水养或作切花。

36. 芍药

起源分类 芍药，别名没骨花、离草，原产于我国，为芍药科芍药属多年生草本花卉。

生长习性 株高 50～100 cm。二回三出羽状复叶，小叶通常 3 裂，长圆形或披针形，叶脉带红色。花单生于茎顶，花梗长，花色有白、黄、紫、粉、红等，少有淡绿色，有单瓣、重瓣品种，花期 4—5 月份。喜光，耐寒，喜冷凉气候及深厚肥沃沙质土壤。

应用价值 花大色艳，观赏性佳，可作专类园、花坛用花，也可作切花。

37. 四季海棠

起源分类 四季海棠，别名玻璃翠、瓜子海棠，原产于巴西，为秋海棠科秋海棠属多年生草本花卉。

生长习性 株高 15~30 cm，茎直立，肉质，无毛，基部多分枝。叶卵形或宽卵形，边缘有锯齿和睫毛，两面光亮，有绿、紫红等色。花淡红或带白色，数朵聚生于腋生的总花梗上，雄花较大，有花被片 4 个，雌花稍小，有花被片 5 个，花期 4—10 月份。性喜阳光，稍耐阴，怕寒冷，喜温暖，稍阴湿的环境和湿润的土壤，但怕热及水涝。

应用价值 姿态优美，叶色娇嫩光亮，可栽植于花坛、花境、绿地边缘，也可盆栽或作垂直绿化布置。

38. 石竹

起源分类 石竹，别名十样锦，原产于我国北方，为石竹科石竹属多年生草本花卉。

生长习性 株高 30～70 cm，丛生，全株无毛。叶对生，线状披针形。花顶生，花色有粉、红、紫红、白或复色，单瓣或重瓣，花瓣先端浅裂呈牙齿状，花期 5—9 月份。喜光，喜凉爽、干燥环境，耐寒，耐旱，不耐酷暑，耐瘠薄，忌水涝，喜肥沃。

应用价值 用于花坛、花境、岩石园。

39. 松果菊

起源分类 松果菊，别名紫锥花、紫松果菊，原产于北美洲中东部，为菊科松果菊属多年生草本花卉。

生长习性 株高 60~150 cm，全株具粗毛，茎直立。叶互生，基生叶卵形或三角形，茎生叶卵状披针形，边缘具疏浅锯齿，叶柄基部稍抱茎。头状花序单生于枝顶，舌状花紫红、粉、白色，管状花橙红色，花期6—10月份。适应性强，生长健壮，喜光，耐寒，耐热，耐湿，喜肥沃、深厚、富含有机质的土壤。

应用价值 花型奇特有趣，可作背景栽植，可用于花坛、花境、坡地，也可作切花。

40. 唐菖蒲

起源分类 唐菖蒲，原产于非洲好望角，为鸢尾科唐菖蒲属多年生草本花卉。

生长习性 具扁圆形鳞茎。叶基生或在花茎基部互生，剑形，灰绿色，有数条纵脉及 1 条明显而突出的中脉。花茎直立，高 50~80 cm，花茎下部有数枚互生叶，穗状花序顶生，花色丰富，有芳香，花期 7—9 月份。喜光，忌酷暑，不耐寒，适宜凉爽环境和肥沃、疏松、排水良好的土壤。

应用价值 花色艳丽，可用于花坛、花境、花带，也可作切花。

41. 宿根天人菊

起源分类　宿根天人菊，别名虎皮菊，原产于北美西部，为菊科天人菊属多年生草本花卉。

生长习性　株高 40～90 cm，全株具长毛，少分枝。叶互生，披针形、匙形或至椭圆形，全缘至波状羽裂，近无柄。头状花序顶生，舌状花黄色，基部红褐色，花期 6—10 月份。喜光，耐寒，耐热，喜排水良好的沙质壤土。

应用价值　花色艳丽，具有较高的观赏价值，丛植或片植于林缘、草坪、灌木丛，也是花镜、切花的优良材料。

42. 天竺葵

起源分类 天竺葵，别名洋绣球、石腊红，原产于非洲南部，为牻牛儿苗科天竺葵属多年生草本花卉。

生长习性 株高 30～60 cm，茎直立，基部木质化，上部肉质，多汁，有特殊气味。叶大，互生，圆形，边缘有波状钝锯齿，具暗红色环纹。伞形花序生于嫩枝上端，小花数朵，花色有粉色、大红、桃红、白等，花果期 5—9 月份。喜冬暖夏凉，适宜疏松、肥沃的土壤。

应用价值 花色鲜艳，花期长，可植于花坛、草坪边缘或疏林下，也可盆栽。

— 99 —

43. 铁线莲

起源分类 铁线莲，别名铁线牡丹、番莲、山木通、威灵仙，为毛茛科铁线莲属多年生草质藤本。

生长习性 草质藤本，长 1~2 m。茎棕色或紫红色，具 6 条纵纹，节部膨大，被稀疏短柔毛。二回三出复叶，小叶片狭卵形至披针形。花单生于叶腋，花开展，多色，花期 5—6 月份。耐寒性强，喜肥沃、排水良好的碱性壤土，忌积水或夏季干旱而不能保水的土壤。

应用价值 用于花架、棚架、廊、灯柱、栅栏、拱门等配置构成园林绿化独立的景观。

44. 香雪球

起源分类 香雪球，别名庭芥、小白花、玉蝶球，原产于地中海沿岸，为十字花科香雪球属多年生草本花卉。

生长习性 株高可达 40 cm，自茎基部向上分枝，叶片条形或披针形，两端渐窄，全缘。花序伞房状，花梗丝状，萼片长圆卵形，内轮窄椭圆形或窄卵状长圆形，花瓣淡紫色或白色，长圆形，顶端钝圆。室内栽培，花期 3—4 月份；露地栽培，花期 6—7 月份。喜冷凉，忌炎热，要求阳光充足，稍耐阴，适宜疏松、肥沃的土壤。

应用价值 香雪球株矮而多分枝，花开一片白色，并散发阵阵清香，是布置岩石园的优良花卉，也是花坛、花境的优良镶边材料，也可用于盆栽观赏。

45. 萱草

起源分类 萱草，别名黄花菜、金针菜，原产于我国、西伯利亚、日本和东南亚等地，为百合科萱草属多年生草本花卉。

生长习性 根近肉质，先端膨大呈纺锤形。叶基生，狭长条形。花葶由叶中抽出，顶端分枝，花排列成总状或圆锥花序，花梗短，花橘红色或橘黄色，花被裂片开展而反卷，花期6—8月份。适应性强，喜光也耐半阴，耐寒也耐高温，对土壤要求不严，耐瘠薄，以富含有机质、湿润、排水良好的土壤为宜。

应用价值 花色鲜艳，形态飘逸，是良好的观花观叶植物，可大面积布置作地被，也适合花坛、花境、林间草地和坡地丛植，还是很好的切花材料。

46. 玉簪

起源分类 玉簪，别名白鹤花、玉泡花，为百合科玉簪属多年生草本花卉。

生长习性 株高 40～70 cm，根状茎肥大。丛状叶基生，卵形至心脏形卵状、有长柄，弧形脉明显，叶端尖，叶基心形。花葶高出叶片，总状花序顶生，花管状漏斗形，白色，有浓香，花期 7—9 月份。典型的阴性花卉，喜湿，忌强光直射，耐寒，适宜肥沃、疏松的沙质壤土。

应用价值 叶片清秀，亭亭玉立，花白如玉，清香宜人，是重要的耐阴地被植物，适合树下或建筑物周围荫蔽处栽植，也可盆栽或作切花、切叶。

47. 郁金香

起源分类 郁金香，别名洋荷花，为百合科郁金香属多年生草本花卉。

生长习性 株高 30～50 cm，鳞茎扁圆锥形，外皮硬革质。基部叶较宽大，呈阔卵形，上部叶由花茎上长出，长披针形。花葶高 15～50 cm，花单朵顶生，花色有红、橙、黄、紫和白等，有重瓣品种，花期 5—6 月份。喜半阴，耐寒，忌连作、水涝，适宜肥沃、排水良好的沙质壤土。

应用价值 花色丰富、鲜艳，花形高贵典雅，可用于花坛、花境、盆栽或作切花。

48. 朱顶红

起源分类 朱顶红，别名孤挺花、百子莲，原产于巴西，为石蒜科朱顶红属多年生草本花卉。

生长习性 球形鳞茎。叶2列对生，叶片宽带状，较厚。花葶自鳞茎中央抽出，粗壮而中空，高出叶丛，顶生漏斗状花朵，花大呈喇叭状，径达10～15 cm，花色有深红、粉红、水红、橙红、白等，并镶嵌着各色条纹和斑纹。喜温暖、湿润环境，不耐寒，适宜疏松、富含腐殖质、排水良好的沙质壤土。

应用价值 用于花境、花坛、盆栽或作切花。

第三章

温室花卉

温室花卉也可称室内花卉，是具有很高的观赏价值，比较耐阴而喜温暖，对栽培基质水分变化不过分敏感又适宜在室内环境中较长期摆放的一类花卉，包括蕨类植物、某些草本和木本花卉，其中有些在我国南方地区为露地栽培，在北方则为温室栽培，主要用于室内观赏。

1. 八仙花

起源分类 八仙花，别名粉团花、紫绣球，原产于日本及我国四川一带，为虎耳草科八仙花属落叶灌木。

生长习性 小枝粗壮，皮孔明显，茎常于基部发出多数放射枝而形成圆形灌丛。叶大而稍厚，对生，倒卵形，边缘有粗锯齿，叶柄粗壮。花大型，由许多不孕花组成顶生伞房花序，花色多变，花期6—8月份。短日照植物，喜温暖湿润和半阴环境，以疏松、肥沃和排水良好的沙质壤土为好。

应用价值 花大色美，南方可配置于稀疏的树荫下及林荫道旁，北方可室内盆栽观赏。

2. 白鹤芋

起源分类 白鹤芋，别名苞叶芋、银苞芋、一帆风顺，原产于美洲热带地区，为天南星科白鹤芋属多年生常绿草本花卉。

生长习性 株高 40～60 cm。叶长椭圆状披针形，两端渐尖，基部呈鞘状。花莛直立，高出叶丛，佛焰苞直立，稍卷，卵形，纯白色，肉穗花序圆柱形。喜温暖、湿润和半阴环境，耐热，不耐旱，不耐寒，不耐瘠薄，适宜肥沃、疏松的沙质土壤。

应用价值 株形优美，花期长，盆栽适合客厅、卧室、书房等处的装饰。园林中也可以用于林荫下或路边栽培观赏。

3. 宝莲灯

起源分类 宝莲灯，别名酸角姜、珍珠宝莲，原产于菲律宾、马来西亚和印度尼西亚的热带森林，为野牡丹科酸角杆属常绿小灌木。

生长习性 株高 30～60 cm，茎 4 棱。单叶对生，叶卵圆形至椭圆形，全缘无柄，深绿色。穗状花序下垂，花外苞片粉红色，花冠钟形。喜高温多湿和半阴环境，不耐寒，忌烈日曝晒，要求肥沃、疏松的腐叶土或泥炭土。

应用价值 株形优美，叶片宽大粗犷，粉红色花序下垂，是野牡丹科中最豪华美丽的一种。最适合盆栽于宾馆、厅堂客室中摆设。

4. 捕蝇草

起源分类 捕蝇草，别名食虫草、捕虫草，原产于北美洲，为茅膏菜科捕蝇草属多年生草本花卉。

生长习性 株高 10～30 cm，茎直立，纤细。基生叶小，圆形，茎生叶互生，具细柄，弯月形或扇形，分为两半，通常向外张开。总状花序，小花白色，花瓣 5 枚，狭长倒卵形，具有色纵纹，花期 5—6 月份。喜温暖、湿润及阳光充足的环境，不耐寒、较耐阴，适宜富含有机质的沙质壤土。

应用价值 外观明显的刺毛和红色的无柄腺部位，样貌好似张牙舞爪的血盆大口，是很受欢迎的食虫植物，可适用于向阳窗台和阳台观赏。

5. 步步高凤梨

起源分类 步步高凤梨，别名多穗凤梨，为凤梨科果子蔓属多年生常绿草本花卉。

生长习性 叶深绿色，基部具紫色条纹。复穗状花序，挺直，总苞片粉红色，花期长，催花容易。喜高温多湿的气候和光照充足的环境，稍耐阴，有一定的耐寒、耐旱能力，忌烈日曝晒。适宜生长在肥沃、湿润、疏松和排水良好的土壤。

应用价值 可室内盆栽观赏。

6. 彩虹竹芋

起源分类 彩虹竹芋，别名粉红肖竹芋、玫瑰竹芋，原产于巴西，为竹芋科肖竹芋属多年生常绿草本花卉。

生长习性 株高 30~60 cm，叶椭圆形或卵圆形，叶稍厚带革质，光滑而富光泽，叶面深绿色，中脉和近叶缘处具白色条斑。圆筒形穗状花序，花白色或紫色。喜温暖、湿润及半阴环境，不耐寒，怕干燥，忌强光曝晒，宜用疏松、肥沃、排水透气性良好并含有丰富腐殖质的微酸性土壤。

应用价值 叶色鲜明艳丽，生长密集，为高档的室内植物。

7. 常春藤

起源分类 常春藤，别名土鼓藤，原产于北非、欧洲、亚洲，为五加科常春藤属常绿吸附藤本。

生长习性 茎枝有气生根，幼枝被鳞片状柔毛。掌状裂叶，有浅或深裂，全缘或波状缘，叶互生，叶柄较长，叶面有全绿或斑纹镶嵌，变化极丰富。伞形花序，花小，花期5—8月份。喜温暖、荫蔽的环境，忌阳光直射，但喜光线充足，较耐寒，对土壤和水分的要求不严，以中性和微酸性为最好。

应用价值 在庭院中可用以攀缘假山、岩石，或在建筑阴面作垂直绿化材料，也可盆栽供室内观赏。

8. 长寿花

起源分类 长寿花，别名寿星花、家乐花，原产于非洲马达加斯加，为景天科伽蓝菜属多年生肉质草本。

生长习性 株高 10～30 cm，茎直立。叶对生，叶片密集翠绿，长圆状匙形或椭圆形，肉质，叶片上部叶缘具波状钝齿，下部全缘，亮绿色，有光泽，叶边略带红色。圆锥状聚伞花序，花小，高脚碟状，花朵色彩丰富，花色有绯红、桃红、橙红、黄、橙黄和白等，花期 2—5 月份。喜温暖稍湿润和阳光充足环境，耐干旱，对土壤要求不严，以肥沃的沙质壤土为好。

应用价值 植株小巧玲珑，株形紧凑，叶片翠绿，花朵密集，为冬、春季理想的室内盆栽花卉。

9. 大花蕙兰

起源分类 大花蕙兰，别名洋蕙兰，为兰科兰属多年生草本花卉。

生长习性 根肥大，有韧性，无须根。叶2列，狭长带形，全缘，基部鞘状。总状花序腋生，花色有白、浅红、橙黄、浅黄等。喜凉爽、温暖、半阴环境，适宜疏松、排水良好的土壤。

应用价值 花叶长碧绿，花姿粗犷，豪放壮丽，可盆栽观赏或作切花。

10. 大黄星果子蔓

起 源 分 类　大黄星果子蔓，别名大黄星，原产于美洲热带地区，为凤梨科果子蔓属多年生常绿草本花卉。

生 长 习 性　株高 30～70 cm。叶长带状，呈莲座状排列，淡绿色。筒状的伞房花序，苞片舌状，密集，黄色，花小，花白色。喜温暖、湿润和半阴环境，不耐旱，适宜肥沃、疏松的沙质壤土。

应 用 价 值　室内盆栽观赏。

11. 大咪头果子蔓

起源分类 大咪头果子蔓，别名大咪头凤梨，为凤梨科果子蔓属多年生草本花卉。

生长习性 株高 30～80 cm。叶长带状，呈莲座状排列，深绿色。花序球果状，苞片亮红色，尖端黄色，花黄色。喜温暖、湿润和半阴环境，不耐旱，适宜肥沃、疏松的沙质壤土。

应用价值 室内盆栽观赏。

12. 倒挂金钟

起源分类 倒挂金钟，别名吊钟海棠、灯笼海棠，原产于墨西哥，为柳叶菜科倒挂金钟属多年生草本或半灌木。

生长习性 茎近光滑，枝细长稍下垂，老枝木质化明显。叶对生或三叶轮生，卵形至卵状披针形，边缘具疏齿。花单生于枝上部叶腋，具长梗而下垂，萼筒长圆形，翻卷，花瓣4枚，有红、紫等色，花期4—7月份。喜凉爽湿润环境，怕高温和强光，以肥沃、疏松的微酸性土壤为宜。

应用价值 垂花朵朵，婀娜多姿，花形奇特，花期长，观赏性强，盆栽适用于客厅、花架、案头点缀。

13. 帝王花

起源分类 帝王花，别名菩提花、木百合花，原产于南非，为山龙眼科山龙眼属常绿灌木。

生长习性 具有粗壮的茎、有光泽的叶片，株高约 1 m，其花实际是一个花球，有许多花蕊，并被巨大的、色彩丰富的苞叶所包围，花球直径为12～30 cm。喜温暖、稍干燥和阳光充足的环境，不耐寒，忌积水，要求疏松和排水良好的酸性土壤。

应用价值 枝叶茂盛，花朵大，色彩异常美丽，观赏期长，适合盆栽观赏，也是极好的切花和干花材料。

14. 帝王子星果子蔓

起源分类 帝王子星果子蔓，别名帝王星，为凤梨科果子蔓属多年生常绿草本花卉。

生长习性 株高30～70 cm。叶长带状，呈莲座状排列，淡绿色。筒状的伞房花序，苞片舌状，密集，鲜红色，花白色。喜温暖、湿润和半阴环境，不耐旱，适宜肥沃、疏松沙质壤土。

应用价值 室内盆栽观赏。

15. 吊兰

起源分类 吊兰，别名盆草、钩兰、桂兰，原产于南非，为百合科吊兰属多年生草本植物。

生长习性 根状茎平生或斜生，有多数肥厚的根。叶基生，条形至条状披针形，狭长，柔韧似兰，顶端长、渐尖，基部抱茎，着生于短茎上，花白色，常 2～4 朵簇生。喜温暖湿润、半阴的环境，适应性强，较耐旱，不耐寒，不择土壤，在排水良好、疏松、肥沃的沙质壤土中生长较佳。

应用价值 北方地区室内盆栽观赏。

16. 兜兰

起源分类 兜兰，别名拖鞋兰，为兰科兜兰属多年生草本花卉。

生长习性 叶基生，革质，带形或长圆状披针形。花葶从叶丛中抽出，花形奇特，唇瓣呈口袋形，背萼极发达，有各种艳丽的花纹。喜温暖、半阴环境，忌高温，适宜富含腐殖质、疏松的土壤。

应用价值 株形娟秀，花形奇特，花色丰富，花大色艳，是极好的室内观赏花卉。

17. 鹅掌柴

起源分类 鹅掌柴，别名鸭脚木，原产于大洋洲及我国南部，为五加科鹅掌柴属常绿灌木。

生长习性 分枝多，枝条紧密。掌状复叶互生，小叶5～8枚，长卵圆形，革质，深绿色，有光泽。圆锥状花序，小花白色，浆果深红色。喜温暖、湿润和半阴环境，以肥沃、疏松和排水良好的沙质壤土为宜。

应用价值 株形丰满优美，适应能力强，是优良的盆栽植物，热带地区用作景观栽植。

18. 飞羽竹芋

起源分类 飞羽竹芋，别名毛柄银叶竹芋，为竹芋科竹芋属多年生常绿草本。

生长习性 茎匍匐生长，叶柄细长，叶片披针形，银白色，中脉及叶缘银绿色，在中脉两侧排列有长短交替的银绿色斑纹，其长的斑纹与叶缘相连，叶背紫色。喜温暖、湿润及半阴环境，不耐寒，怕干燥，忌强光曝晒。宜用疏松、肥沃、排水透气性良好，并含有丰富腐殖质的微酸性土壤。

应用价值 叶片宽阔，具有斑马状深绿色条纹，清新悦目，盆栽适用装饰客厅、书房、卧室等。

19. 非洲菊

起源分类 非洲菊，别名扶郎花，原产于南非，为菊科大丁草属多年生草本花卉。

生长习性 株高30~50 cm。叶根出，带状匙形，叶面粗糙，密生绒毛，叶缘呈粗锯齿。花自叶丛中抽出，头状花序顶生，花色有红、黄、白、粉等多种，花径达8~10 cm，花期春、秋季。喜光，喜温暖，适宜疏松、肥沃、排水良好的沙质壤土。

应用价值 花色艳丽，花期长，可用于花坛、花境、花钵栽植观赏，也是切花的优秀材料。

20. 非洲茉莉

起源分类 非洲茉莉，别名华灰莉木，原产于我国南部及东南亚等地区，为马钱科灰莉属常绿灌木或小乔木。

生长习性 叶对生，肉质，长圆形、椭圆形至倒卵形，顶端渐尖，上面深绿色，背面黄绿色。花序直立顶生，有花1～3朵，有极短的总花梗，花冠白色，呈小喇叭状。喜温暖、湿润及日光充足环境，在疏松、肥沃、排水良好的壤土上生长最佳。

应用价值 株形丰满，叶色碧绿，是近年流行的室内盆栽植物。

21. 粉叶珊瑚凤梨

起源分类 粉叶珊瑚凤梨，别名粉菠萝、斑马凤梨，为凤梨科光萼荷属多年生常绿草本花卉。

生长习性 叶基生，莲座状叶丛基部围成筒状，叶条形至剑形，革质，被灰色鳞片，绿色，有虎纹状银白色横纹。花葶直立，花序穗状，密集成阔圆锥状球形花头，淡玫瑰红色。喜温暖湿润、半阴环境，忌强光直射，适宜疏松、肥沃的土壤。

应用价值 室内盆栽观赏。

22. 富贵竹

起源分类 富贵竹，别名竹蕉、万年竹，原产于加利群岛及非洲和亚洲热带地区，为龙舌兰科龙血树属多年生常绿小乔木观叶植物。

生长习性 株高 1 m 以上，植株细长，直立，上部有分枝。根状茎横走，结节状。叶互生或近对生，纸质，长披针形，有明显 3～7 条主脉，具短柄，浓绿色。伞形花序有花 3～10 朵生于叶腋。喜阴湿高温，耐涝，耐肥力强，抗寒力强；喜半阴的环境。在排水良好的沙质壤土中生长最佳。

应用价值 茎叶纤秀，柔美优雅，极富竹韵，常用于家庭瓶插或盆栽观赏。

23. 高山杜鹃

起源分类 高山杜鹃，别名小叶杜鹃，原产于我国东北，为杜鹃花科杜鹃属常绿小灌木。

生长习性 分枝繁密，叶常散生于枝条顶部，革质，长圆状椭圆形至卵状椭圆形，上面浅灰至暗灰绿色，无光泽。花序顶生，伞形，花冠宽漏斗状，淡紫蔷薇色至紫色，罕为白色，花期5—7月份。半阴偏阳植物，喜光，怕强光，对土壤要求是疏松、呈酸性，pH 为 4～6。

应用价值 该物种花朵可植于庭园花坛中，也可作切花，有较高的园艺价值。

24. 鹤望兰

起源分类 鹤望兰，别名天堂鸟、极乐鸟花，原产于非洲南部，为旅人蕉科鹤望兰属多年生草本花卉。

生长习性 肉质根粗壮。叶具长柄，质坚硬，中央有纵横沟，叶长圆披针形，革质，深绿色。花序从叶腋抽出，高出叶丛，花序外有佛焰总苞片，紫色或绿色，花萼橙色或黄色，花冠蓝色。喜温暖、湿润环境，适宜疏松、富含有机质的土壤。

应用价值 花形美丽、娇艳，可盆栽观赏或作切花。

25. 红果薄柱草

起源分类 红果薄柱草，为茜草科薄柱草属多年生匍匐小草本。

生长习性 叶卵形或卵状三角形，顶端短尖，基部钝或浅心形，边全缘，叶脉在叶片两面明显，叶柄纤细。花无梗，顶生，单朵，细小。核果球形，成熟时红色。喜阴冷、潮湿的环境，要求通透性好、腐殖质含量高的沙质壤土。

应用价值 果子又红又艳，可以坚持几个月不败，可作为小盆栽观赏。

26. 蝴蝶兰

起源分类 蝴蝶兰，别名蝶兰，原产于亚热带雨林地区，为兰科蝴蝶兰属多年生草本花卉。

生长习性 根丛生，扁平带状，表面有疣状突起。叶丛生，绿色，倒卵状长圆形。花序侧生于茎的基部，长达 50 cm，呈弓状，花色艳丽，花形别致，花期长。喜高温、多湿、半阴环境，忌水涝，适宜富含腐殖质、疏松的土壤。

应用价值 蝴蝶兰花婀娜多姿，颜色华丽，花色高雅，是室内观赏的名贵花卉，也是著名的切花花卉。

27. 虎纹凤梨

起源分类 虎纹凤梨，别名美红剑，原产于南美洲，为凤梨科丽穗凤梨属多年生常绿草本。

生长习性 叶线状，排列成莲座状，长约80 cm，淡蓝绿色，具宽深绿色、紫色或淡红褐色横向带斑。总状花序，长约55 cm，苞片鲜红色，管状花黄色。喜温暖、湿润和半阴环境，不耐旱，适宜肥沃、疏松的沙质壤土。

应用价值 室内盆栽观赏。

28. 花叶万年青

起源分类 花叶万年青,别称黛粉叶,原产于南美洲,为天南星科花叶万年青属常绿灌木状草本。

生长习性 茎干粗壮多肉质,叶片大而光亮,着生于茎干上部,卵圆形或宽披针形,先端渐尖,全缘,宽大的叶片两面深绿色,其上镶嵌着密集、不规则的白色、乳白、淡黄色等色彩不一的斑点、斑纹或斑块。喜温暖、湿润和半阴环境。不耐寒、怕干旱,忌强光曝晒。

应用价值 花叶万年青色彩明亮强烈,优美高雅,观赏价值高,是目前备受推崇的室内观叶植物之一,其幼株小盆栽,可置于案头、窗台观赏,中型盆栽可放在客厅墙角、沙发边作为装饰。

29. 黄斑栉花竹芋

起源分类 黄斑栉花竹芋，为竹芋科锦竹芋属多年生草本。

生长习性 高约 60 cm，茎分枝。叶片横铺生长，长椭圆形，叶面浅绿色，沿侧脉有浓绿色至乳黄色，大大小小的斑块杂生，形状不规则。喜温暖、湿润及半阴环境，不耐寒，怕干燥，忌强光曝晒。宜用疏松、肥沃、排水透气性良好，并含有丰富腐殖质的微酸性土壤。

应用价值 适宜室内盆栽观赏。

30. 火鹤花

起源分类 火鹤花，别名花烛、安祖花、红掌，原产于南美洲，为天南星科花烛属多年生草本花卉。

生长习性 株高 30～90 cm，叶从根茎抽出，具长柄，单生、心形，鲜绿色，叶脉凹陷。花腋生，佛焰苞蜡质，正圆形至卵圆形，有鲜红色、橙红肉色、白色，肉穗花序，圆柱状，直立，四季开花。喜光，喜高温、多湿及半阴环境，不耐寒，适宜疏松、肥沃、排水良好的土壤。

应用价值 花朵独特，为佛焰苞，色泽鲜艳华丽，色彩丰富，是世界名贵花卉。可盆栽或作切花，切叶可作插花的配叶。

31. 箭羽竹芋

起 源 分 类 箭羽竹芋，别名红羽竹芋、双线竹芋，原产于巴西，为竹芋科栉花芋属多年生常绿草本观叶植物。

生 长 习 性 株高可达 100 cm 以上。叶片呈长椭圆形至披针形，叶缘具明显波纹，黄绿色叶面上的主脉两侧，有规则的卵形与椭圆形暗绿色斑块交互成羽状排列。喜温暖、湿润及半阴环境，不耐寒，怕干燥，忌强光曝晒。宜用疏松、肥沃、排水透气性良好，并含有丰富腐殖质的微酸性土壤。

应 用 价 值 箭羽竹芋是竹芋科中最高大的品种，适宜摆设于厅堂门口、走廊两侧或会议室角落。

32. 金边吊兰

起源分类 金边吊兰，为百合科吊兰属多年生常绿草本植物。

生长习性 叶片呈宽线形，嫩绿色，着生于短茎上，具有肥大的圆柱状肉质根。总状花序，弯曲下垂，小花白色。喜温暖的环境，适应性强；喜明亮光线，忌夏季阳光直射，有一定的抗干旱能力，忌盆中积水。

应用价值 在较明亮的房间内可常年栽培欣赏，是悬吊或摆放在橱顶或花架上最适宜的种类之一。

33. 金心吊兰

起源分类 金心吊兰，为百合科吊兰属常绿多年生草本植物。

生长习性 地下部有根茎，叶细长，线状披针形，中心具黄白色纵条纹，基部抱茎，鲜绿色，叶腋抽生匍匐枝，伸出株丛，弯曲向外。花白色，花被6片，花期春、夏季。喜温暖、湿润及半阴的环境，夏季忌烈日曝晒，喜欢疏松、肥沃的沙质壤土。

应用价值 室内悬挂观叶植物，可镶嵌栽植于路边石缝中，或点缀于水石和树桩盆景上。

34. 酒瓶兰

起源分类 酒瓶花，别名象腿树，原产于墨西哥干热地区，为龙舌兰科酒瓶兰属常绿植物。

生长习性 具有庞大的茎，地下根肉质，茎干直立，下部肥大，状似酒瓶，可以储存水分。叶线形，全缘或细齿缘，软垂状，革质而下垂。圆锥状花序，花小白色，10 年以上的植株才能开花。喜温暖、湿润及日光充足环境，较耐旱、耐寒。喜肥沃土壤，在排水通气良好、富含腐殖质的沙质壤土上生长较佳。

应用价值 观茎赏叶花卉，可用于布置客厅、书房，装饰宾馆、会场。

35. 君子兰

起源分类 君子兰，别名达木兰，原产于南非南部，为石蒜科君子兰属多年生常绿草本。

生长习性 株高 30～50 cm，根茎圆柱形，肉质，假鳞茎短而粗。叶2 列叠生，扁平，带状，绿色，有光泽。伞形花序着生于花葶顶部，具小花10～30 朵，漏斗形，橘红色，花期冬、春季。喜凉爽、湿润及半阴环境，适宜富含腐殖质、疏松的土壤。

应用价值 株形端庄优美，叶片苍翠挺拔，花大色艳，果实红亮，叶花果并美，是室内观赏的名贵花卉。

36.口红花

起源分类 口红花，别名口红吊兰，原产于印度尼西亚、马来西亚，为苦苣苔科毛苣苔属常绿藤木。

生长习性 叶对生，叶片卵形，革质而稍带肉质，全缘，叶面浓绿色，背浅绿色。花腋生或顶生成簇，花成对生于枝顶端，具短花梗，花萼筒状，黑紫色被绒毛，花冠从萼口长出，筒状，鲜艳红色，如同口红一般。喜高温、阳光充足的半阴环境，盆栽基质以疏松、肥沃的微酸性腐殖土较佳。

应用价值 口红花浓绿的叶片再配上鲜红而又奇特的花冠，颇受人们的喜爱。株形优美，茎叶繁茂，花色艳丽，是家庭居室垂吊观花植物之佳品。

37. 丽格海棠

起源分类 丽格海棠，为秋海棠科秋海棠属多年生草本花卉。

生长习性 株高15～30 cm。单叶，互生，歪基心形叶，叶缘为重锯齿状，叶表面光滑具有蜡质，叶色为浓绿色。花形、花色丰富，花朵硕大，花有单瓣、半重瓣、重瓣等；花期长，可从12月份至翌年4月份。喜温暖和半阴环境，忌曝晒和干燥。

应用价值 株形丰满，花色艳丽丰富，可用于花坛、花境、绿地边缘，也可盆栽。

38. 六出花

起源分类 六出花，别名智利百合、秘鲁百合，原产于南美，为石蒜科六出花属多年生草本花卉。

生长习性 枝条细长，常左右曲折。叶长圆形至椭圆形，厚革质。伞形花序，花10～30朵，花被片橙黄色、水红色等，内轮有紫色或红色条纹及斑点，花期6—8月份。喜温暖湿润和阳光充足环境。夏季需凉爽，怕炎热，耐半阴，不耐寒。

应用价值 六出花花瓣上有可爱的斑纹，具有很高的观赏价值，既可作切花，也可盆栽观赏。

39. 绿羽竹芋

起源分类 绿羽竹芋，别名绿道竹芋，原产于巴西、哥斯达黎加，为竹芋科肖竹芋属多年生草本。

生长习性 株高 90~100 cm，叶片大型，长椭圆形，长 40~45 cm，叶面为较浅的橄榄绿色或黄绿色，沿羽状侧脉有多数细密斜走向的黄绿色条斑至叶缘，沿中脉有一条较宽的深绿色条带。喜温暖、湿润及半阴环境，不耐寒，怕干燥，忌强光曝晒。适宜疏松、肥沃、排水透气性良好，并含有丰富腐殖质的微酸性土壤。

应用价值 叶色丰富多彩，适宜作大型盆栽布置厅堂。

40. 马蹄莲

起源分类 马蹄莲，别名水芋、花芋，原产于非洲东北部，为天南星科马蹄莲属多年生粗壮草本花卉。

生长习性 具肥大的肉质块茎，株高 50～80 cm。叶基生，柄长，叶大，亮绿色，全缘。肉穗花序，直立于佛焰苞中央，佛焰苞似马蹄状，花色有白、黄、红、粉和紫等。喜湿暖、湿润环境，不耐寒，不耐旱，适宜疏松、肥沃、腐殖质丰富的沙质壤土。

应用价值 挺秀雅致，花苞宛如马蹄，叶片翠绿，可作为盆栽及鲜切花使用。

41. 美丽竹芋

起源分类 美丽竹芋，原产于厄瓜多尔、秘鲁，为竹芋科肖竹芋属多年生草本观叶植物。

生长习性 叶自根际丛生，叶柄直立，叶阔卵形，全缘，叶表浓绿，有美丽的羽状斑纹，叶背及叶柄红褐色。喜温暖、湿润及半阴环境，不耐寒，怕干燥，忌强光曝晒，宜用疏松、肥沃、排水透气性良好，并含有丰富腐殖质的微酸性土壤。

应用价值 枝叶生长茂密、株形丰满，是优良的室内喜阴观叶植物，用来布置卧室、客厅、办公室等场所，显得安静、庄重，可供较长期欣赏。

42. 米尔特兰

起源分类 米尔特兰，别名华丽董花兰，原产于南美巴西，为兰科米尔特兰属多年生草本花卉。

生长习性 复茎型兰花，具有匍匐状的根状茎。顶生二至三叶，纸质。总状花序腋生于假球茎基部，花朵大型，纸质，直径达 10 cm，有黄色、粉色、红紫色等。喜凉爽湿润、具有明亮散射光线的通风良好环境，不耐酷热，喜高湿，怕积水，适宜富含腐殖质、疏松的土壤。

应用价值 株形优美，花朵硕大，花色亮丽，是观赏价值较高的盆栽花卉，也是切花的高档花材。

43. 茉莉

起源分类 茉莉，原产于印度、巴基斯坦，为木樨科素馨属常绿灌木。

生长习性 株高可达 1 m，小枝有棱角，有时有毛，枝条细长，略呈藤本状。叶对生，光亮，宽卵形或椭圆形，叶脉明显，叶面微皱，叶柄短而向上弯曲，有短柔毛。聚伞花序，顶生或腋生，有花 3～12 朵，花冠白色，芳香，花期 6—10 月份。喜温暖湿润气候，在通风良好、半阴环境生长最好，以含有大量腐殖质的微酸性沙质壤土为最适合。

应用价值 叶色翠绿，花色洁白，香味浓厚，为庭园及盆栽观赏常见芳香花卉，点缀室内，清雅宜人，还可加工成花环等装饰品。

44. 鸟巢蕨

起源分类 鸟巢蕨，别名山苏花，原生于亚洲东南部，为铁角蕨科巢蕨属多年生常绿草本。

生长习性 叶辐射状，环生于根状茎周围，似鸟巢，卵圆形至披针形，全缘，亮绿色。耐阴，喜温暖、湿润环境，不耐寒，怕强光和干旱，适宜疏松、肥沃、排水良好的土壤。

应用价值 景观应用、叶姿柔美，叶色绿意盎然，可用于点缀假山、岩石或盆栽观赏。

45. 欧洲报春花

起源分类 欧洲报春花，别名德国报春，原产于欧洲，为报春花科报春花属多年生草本花卉，常作一年生栽培。

生长习性 株高 10～15 cm，叶基生，长椭圆形，钝头，叶面皱。单花顶生，一莛一花，芳香，有大红、紫、黄、橙、白等花色，有皱瓣、双色等品种，花期全年。喜冷凉、湿润和阳光充足环境，较耐寒，怕强光直射和高温，适宜疏松、肥沃和排水良好的沙质壤土或腐叶土。

应用价值 花色艳丽，花期长，是十分畅销的冬季盆花，可用于布置室内或室外景观。

46. 炮仗星凤梨

起源分类 炮仗星凤梨，别名多穗凤梨，为凤梨科果子蔓属多年生常绿草本。

生长习性 披针叶，中绿色，长 30~90 cm。花序直立，有花 7~15 朵，花筒状，长 3~4 cm，萼片亮黄色，苞片鲜红色。喜高温多湿的气候和光照充足的环境。稍耐阴，有一定的耐寒、耐旱能力，忌烈日曝晒。适宜生长在肥沃、湿润、疏松和排水良好的土壤。

应用价值 室内盆栽观赏。

47. 蒲包花

起源分类 蒲包花，别名荷包花、元宝花、状元花，为玄参科蒲苞花属多年生草本花卉，常作一年生栽培。

生长习性 株高 30 cm，全株茎、枝、叶上有细小茸毛。叶片对生，卵形。花冠二唇状，上唇瓣直立较小，下唇瓣膨大似蒲包状，中间形成空室，花色丰富，花期春季。喜凉爽湿润、通风环境，怕热，忌寒冷，喜光照，忌曝晒，喜富含腐殖质、排水良好的微酸性沙质壤土。

应用价值 花形奇特，色泽鲜艳，花期长，观赏价值很高，可用于花坛布置，也可作室内观赏。

48. 青纹竹芋

起源分类　青纹竹芋，原产于美洲热带地区，为竹芋科肖竹芋属多年生草本。

生长习性　茎短，叶尖，叶正面淡绿色，白色线斑分布在中脉两侧，边缘有暗绿色斑点，背面青绿色或稀红色，叶柄长 2 cm。喜温暖、湿润及半阴环境，不耐寒，怕干燥，忌强光曝晒，宜用疏松、肥沃、排水透气性良好，并含有丰富腐殖质的微酸性土壤。

应用价值　株形美观，叶色靓丽，盆栽适合宾馆、厅室的栽植台、门庭、楼梯、栅栏等处布置。

49. 三角梅

起源分类 三角梅，别称叶子花、三角花、贺春红，原产于南美洲巴西，为紫茉莉科叶子花属藤本状灌木。

生长习性 茎有弯刺，密生绒毛。单叶互生，卵形全缘，被厚绒毛，顶端圆钝。花细小，黄绿色，三朵聚生于三片红苞中，外围的红苞片大而美丽，有鲜红色、橙黄色、紫红色、乳白色等，花期从 11 月份至翌年 6 月份。喜温暖湿润、阳光充足的环境，不耐寒，以排水良好的沙质壤土最为适宜。

应用价值 花形奇特，色彩艳丽，缤纷多彩，花开时节格外鲜艳夺目，常用于庭院绿化，作花篱、棚架植物及花坛、花带的配置。

50. 肾蕨

起源分类 肾蕨，别名斯考特，原产于热带和亚热带地区，为肾蕨科肾蕨属多年生常绿草本。

生长习性 二回羽状复叶，羽片呈重叠状，深绿色。耐阴，喜温暖、湿润环境，不耐寒，怕强光和干旱，适宜疏松、肥沃、排水良好的壤土。

应用价值 叶姿柔美，叶色绿意盎然，可用于点缀假山、岩石或盆栽观赏。

51. 石斛兰

起源分类 石斛兰，别名石斛、石兰、吊兰花，为兰科石斛属多年生草本花卉。

生长习性 株高20～45 cm，假球茎上生根17～18节，多具直立性。叶生于假球茎的下方，近革质，短圆形。花2～3朵生于节处，萼片和花瓣白色，先端带浅紫色。喜温暖、湿润和半阴环境，不耐寒，忌干燥，怕积水。适宜富含腐殖质、疏松的壤土。

应用价值 花形、花姿优美，色彩艳丽，可用于室内盆栽观赏。

52. 双线竹芋

起源分类 双线竹芋，原产于巴西，为竹芋科竹芋属多年生草本植物。

生长习性 叶片椭圆形，墨绿色，叶面上沿主脉向叶缘有桃红线纹。喜温暖、湿润及半阴环境，不耐寒，怕干燥，忌强光曝晒。宜用疏松、肥沃、排水透气性良好，并含有丰富腐殖质的微酸性土壤。

应用价值 盆栽用来布置卧室、客厅、办公室等场所。

53. 天鹅绒竹芋

起源分类 天鹅绒竹芋，别名斑马竹芋，原产于南美洲，为竹芋科肖竹芋属多年生常绿草本植物。

生长习性 叶长椭圆形，叶面具天鹅绒光泽，并有浅绿色和深绿色交织的斑马状条纹，叶背深紫红色。喜温暖、湿润及半阴环境，不耐寒，怕干燥，忌强光曝晒。适宜用疏松、肥沃、排水透气性良好，并含有丰富腐殖质的微酸性土壤。

应用价值 叶片宽阔，具有斑马状深绿色条纹，极为美丽，是一种十分流行的观叶植物。盆栽适合于家庭、宾馆和公共场所装饰点缀，也常用于插花陪衬。

54. 铁线蕨

起源分类 铁线蕨，别名铁线草，为铁线蕨科铁线蕨属多年生常绿草本。

生长习性 叶为二至四回羽状复叶，扇形，亮绿色，叶被具孢子囊群。耐阴，喜温暖、湿润环境，不耐寒，怕强光和干旱，适宜疏松、肥沃、排水良好的土壤。

应用价值 叶姿柔美，叶色绿意盎然，用于点缀假山、岩石或盆栽观赏。

55. 网纹草

起源 分类 网纹草，别名银网草，为爵床科网纹草属多年生常绿草本植物。

生 长 习 性 植株低矮，呈匍匐状蔓生，高 5～20 cm。叶十字对生，呈卵形或椭圆形，叶面密布红色或白色网脉。顶生穗状花序，花黄色。喜高温多湿和半阴环境，以散射光最好，忌直射光，宜用含腐殖质丰富的沙质壤土。

应 用 价 值 网纹草叶脉清晰，叶色淡雅，纹理匀称，深受人们喜爱，是欧美目前十分流行的盆栽植物。

56. 文心兰

起源分类 文心兰，别名金蝶兰，原产于美洲热带地区，为兰科文心兰属多年生草本花卉。

生长习性 扁圆形假鳞茎，叶片披针形。顶生聚伞花序，花的构造极为特殊，花萼萼片大小相等，花的唇瓣呈提琴状，花朵颜色有纯黄、洋红、粉红，或具茶褐色花纹、斑点。喜凉爽、温暖、半阴环境，忌高温，适宜富含腐殖质、疏松的土壤。

应用价值 植株轻巧、潇洒，花茎轻盈下垂，花朵奇异可爱，形似飞翔的金蝶，极富动感，适合家庭居室盆栽和室内瓶插观赏。

57. 西洋杜鹃

起源分类 西洋杜鹃，别名比利时杜鹃，为杜鹃花科杜鹃属常绿灌木。

生长习性 树形矮壮，树冠紧密。叶片互生，长椭圆形，深绿色。头状花序顶生，花漏斗状，有重瓣、半重瓣，花色有红、粉、白、玫瑰红或双色等。喜温暖、干燥和阳光充足环境，不耐寒，忌水涝和干旱，适宜肥沃、疏松和排水良好的沙质壤土。

应用价值 株形美观，花朵繁茂，艳丽，多用于盆栽观赏。

58. 仙客来

起源分类 仙客来，别名兔子花、兔耳花、一品冠，原产于希腊、叙利亚、黎巴嫩等地，为报春花科仙客来属多年生球根花卉。

生长习性 块茎扁圆球形或球形，肉质。叶片由块茎顶部生出，心形、卵形或肾形，叶缘有细锯齿，叶面绿色、具有白色或灰色晕斑，叶背绿色或暗红色。花单生于花茎顶部，花朵下垂，花瓣向上反卷，犹如兔耳，花色丰富，花期10月份至翌年4月份。喜凉爽、湿润及阳光充足的环境，夏季温度若达到28~30℃，则植株休眠，要求疏松、肥沃、富含腐殖质，排水良好的微酸性沙质壤土。

应用价值 株形美观、别致，花盛色艳，适宜于盆栽观赏。

59. 香雪兰

起源分类 香雪兰,别名小苍兰、香兰,原产于非洲南部好望角,为鸢尾科香雪兰属多年生球根草本花卉。

生长习性 球茎卵圆形。叶剑形或条形,略弯曲,黄绿色,中脉明显。花茎直立,花无梗,每朵花基部有2枚膜质苞片,花直立,花色丰富,有香味,花期4—5月份。喜凉爽、湿润的环境,耐寒性较差,适宜阳光充足和肥沃、疏松的土壤。

应用价值 香雪兰花似百合,叶若兰蕙,花色素雅,玲珑清秀,香气浓郁,花期长,是人们喜爱的冬季花卉,既可盆栽观赏也可作切花。

60. 小丽花

起源分类 小丽花，别名小丽菊，原产于南美洲、墨西哥和美洲中部，为菊科大丽花属多年生草本花卉。

生长习性 株高 30~40 cm。茎直立，叶对生小叶卵形，具粗钝锯齿。头状花序，顶生或腋生，外围舌状花色彩丰富而艳丽，花色有紫、红、黄、粉红、金黄等，花期 7—9 月份。喜光，喜凉爽气候，怕严寒，忌高温、高湿，怕积水又不耐干旱，以疏松土壤为宜。

应用价值 花色艳丽，可用于花坛、花境、花丛，也可盆栽。

61. 一品红

起源分类 一品红，别名圣诞花，原产于中美洲，为大戟科大戟属多年生草本花卉。

生长习性 直立灌木，茎光滑，嫩枝绿色，老枝淡棕色。单叶互生，卵状椭圆形至披针形，长 10～15 cm，全缘或具浅裂，叶色朱红，变种有绿色、黄色、粉色等。花着生在杯状总杯内，细小，花色有红、黄、粉红等。短日照植物，喜温暖湿润、光照充足环境，要求排水良好、通气性好的肥沃土壤。

应用价值 花色艳丽，花期长，适宜盆栽观赏，也可作切花。

62. 银双线竹芋

起源分类 银双线竹芋，为竹芋科肖竹芋属多年生草本植物。

生长习性 植株健壮，直立，叶片椭圆形，顶端急尖，硬革质，中脉深绿色，沿着中脉两侧分布着银白色的条形花斑，叶缘绿色。喜温暖、湿润及半阴环境，不耐寒，怕干燥，忌强光曝晒。喜疏松肥沃、排水透气性良好，并含有丰富腐殖质的微酸性土壤。

应用价值 用于室内盆栽观赏。

63. 莺歌凤梨

起源分类 莺歌凤梨，别名多穗凤梨，为凤梨科莺歌凤梨属多年生常绿草本。

生长习性 株高 20 cm 左右，叶丛生，带状，肉质，较薄，鲜绿色，有光泽。花梗抽自叶丛中央，上部为扁穗状花序，密生苞片，鲜红色，先端尖，花小，黄色，花柱外伸，花期可以控制。喜高温多湿的气候和光照充足的环境，稍耐阴，有一定的耐寒、耐旱能力，忌烈日曝晒，适宜肥沃、湿润、疏松和排水良好的土壤。

应用价值 用于室内盆栽观赏。

64. 圆叶竹芋

起源分类 圆叶竹芋，别名苹果竹芋、青苹果竹芋，原产于美洲的热带地区，为竹芋科肖竹芋属多年生常绿草本。

生长习性 株高 40～60 cm，叶柄绿色，直接从根状茎上长出，叶片硕大、薄革质，圆形，叶缘波状，扁平，叶面银灰色，背面绿色。喜温暖、湿润及半阴环境，不耐寒，怕干燥，忌强光曝晒。宜用疏松肥沃、排水透气性良好，并含有丰富腐殖质的微酸性土壤。

应用价值 叶色清新宜人，适合作中型盆栽，装饰居室，时尚自然，颇有特色。

65. 月季

起源分类 月季，别名四季蔷薇、朋红、月季花，为蔷薇科蔷薇属落叶灌木。

生长习性 株高 1～2 m，小枝绿色，散生皮刺。羽状复叶，小叶 3～5 枚，广卵形或卵状椭圆形，边缘具锐齿。花数朵簇生或单生，花色甚多，色泽各异，多为重瓣，也有单瓣者，有微香，花期 5—10 月份。喜光，耐旱，耐寒，对土壤要求不严。

应用价值 花团锦簇，花色鲜艳，花期长，可植于庭前、宅旁、林缘、坡地、假山石旁或配植于亭廊，也常用于篱栅或墙垣种植，也常常用作切花和盆栽观赏。

66. 栉花竹芋

起源分类 栉花竹芋，别名锦竹芋，原产于南美洲，为竹芋科肖竹芋属多年生草本植物。

生长习性 株高 70~100 cm，茎枝坚挺、簇生。叶长披针形，全缘，革质，由中脉沿侧脉有羽状银色斑纹，叶背紫红色，叶柄长。喜温暖、湿润及半阴环境，不耐寒，怕干燥，忌强光曝晒，宜用疏松、肥沃、排水透气性良好，并含有丰富腐殖质的微酸性土壤。

应用价值 盆栽适合宾馆、厅室的栽植台、门庭、楼梯、栅栏等处布置，清新悦目，家庭点缀客厅，青翠素雅。

67. 皱叶椒草

起源分类 皱叶椒草，别名皱叶豆瓣绿，原产于热带地区，为胡椒科椒草属多年生草本花卉。

生长习性 簇生型植株，茎短，叶圆心形丛生于短茎顶，叶柄长10～15 cm，叶片浓绿，有光泽，叶背灰绿，叶脉向下凹陷，使叶面折皱不平。花穗草绿色，花梗红褐色，花、叶均具观赏性。喜明亮的散射光，不耐积水，喜温暖湿润环境和排水良好的沙质壤土。

应用价值 叶片光亮，幽雅别致，用于盆栽，点缀几架、书桌、案头和阳台，清新素雅，轻快柔和，惹人喜爱。

68. 猪笼草

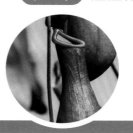

起源分类 猪笼草，别名猴水瓶、猪仔笼，原产于热带地区，为猪笼草科猪笼草属多年生藤本植物。

生长习性 株高达 1.5 m，茎木质或半木质。叶互生，革质，中脉延长为卷须，顶端为食虫囊，中空，圆筒形，囊口边缘厚，上有锈红色的小盖。花单性，雌雄异株，全年开花。喜温暖、湿润环境，不耐寒，较耐阴，适宜富含有机质的沙质壤土。

应用价值 形态奇妙，造型可爱，适合盆栽作垂吊观赏。

69. 紫背天鹅绒竹芋

起源分类 紫背天鹅绒竹芋，别名瓦氏竹芋，原产于巴西，为竹芋科肖竹芋属多年生草本。

生长习性 高达 1 m，茎及叶柄紫褐色，叶面绿色，密布与侧脉平行的深绿色斑纹，在近中脉处留有扇形的浅色区域。喜温暖、湿润及半阴环境，不耐寒，怕干燥，忌强光曝晒。宜用疏松、肥沃、排水透气性良好，并含有丰富腐殖质的微酸性土壤。

应用价值 盆栽适合于家庭、宾馆和公共场所装饰点缀，也常用作插花陪衬。

70. 紫花凤梨

起源分类 紫花凤梨，别名紫花铁兰，原产于热带地区，为凤梨科铁兰属多年生草本花卉。

生长习性 叶片簇生成莲座状，深绿色，近基部具红色条斑。穗状花序从叶丛抽出，扁平，苞片2列对生互叠，玫瑰红色。喜温暖、湿润和半阴环境，不耐旱，适宜肥沃、疏松的沙质壤土。

应用价值 小巧玲珑，秀丽美观，可用作室内盆栽观赏。

参考文献

[1] 陈俊愉，程绪珂. 中国花经. 上海：上海文化出版社，1990.

[2] 刘延江. 新编园林观赏花卉. 沈阳：辽宁科学技术出版社，2007.

[3] 金波. 常用花卉图谱. 北京：中国农业出版社，1997.

[4] 周洪义，张清，袁东升. 园林景观植物图鉴. 北京：中国林业出版社，2009.

[5] 应立国，包志毅. 世界花卉鉴赏. 北京：中国林业出版社，2002.

[6] 张树宝，李军. 园林花卉识别彩色图册. 北京：中国林业出版社，2014.

[7] 360doc 电子图书馆 .http://www.360doc.com/.

[8] 360 百科 .https://baike.so.com/.

[9] 新浪博客 .http://blog.sina.com.cn/ahjiangyong.

[10] 盆友园艺 . http://garden-life.taobao.com.

[11] 西勾植物志 . http://www.yeehua.net.

[12] 中国植物图像库 .http://www.plantphoto.cn.